PROGRAMME 2010 **BAC PRO 3 ANS**

Mathématiques

1re Bac Pro
Groupement C

Jean-Denis Astier
Bernard Lacaze
Alain Vrignaud
Brigitte Vrignaud

Nathan
TECHNIQUE

PRÉSENTATION DU MANUEL

STRUCTURE TYPE D'UN CHAPITRE

Ouverture

Une double page pour aborder le chapitre

Une belle photographie liée à la vie réelle et son explication mathématique

Une question pour lancer la méthode d'investigation

Les activités

Des activités pour découvrir les nouvelles notions

Des « Envie d'aller plus loin »

Des coups de pouce

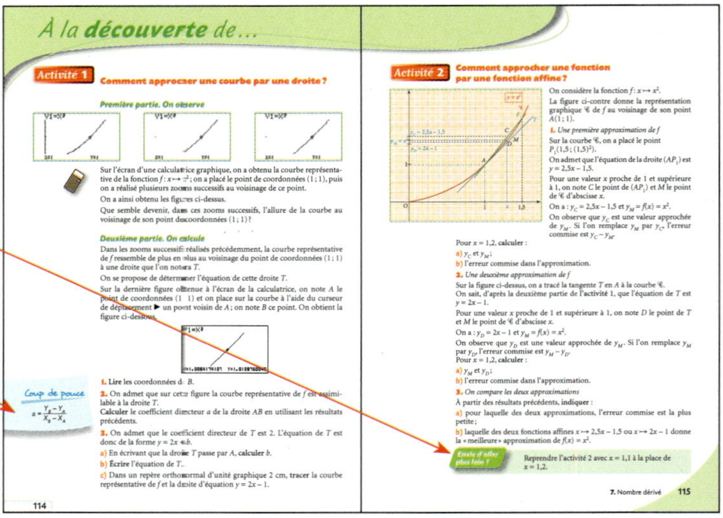

L'essentiel

Un résumé des connaissances

Les résultats importants

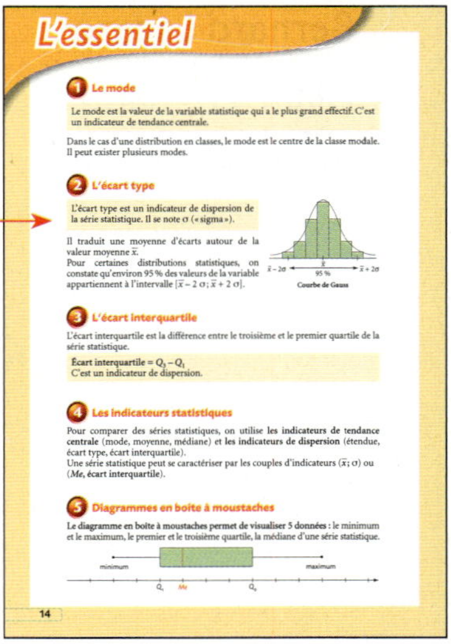

Édition : Clarisse Léon-Darras/Alexandra Fouilleroux
Coordination artistique : Thierry Méléard/Isabelle Jalfre
Dessins rabats de couverture : Vincent Landrin
Illustrations p. 12, 28, 51, 64 : Jean-Louis Goussé
Iconographie : Valérie Delchambre
Couverture : Laurence Durandeau
Fabrication : Françoise Leroy
Maquette intérieure : Killiwatch
Composition et schémas : JPM

ISBN : 978-2-09-161062-7

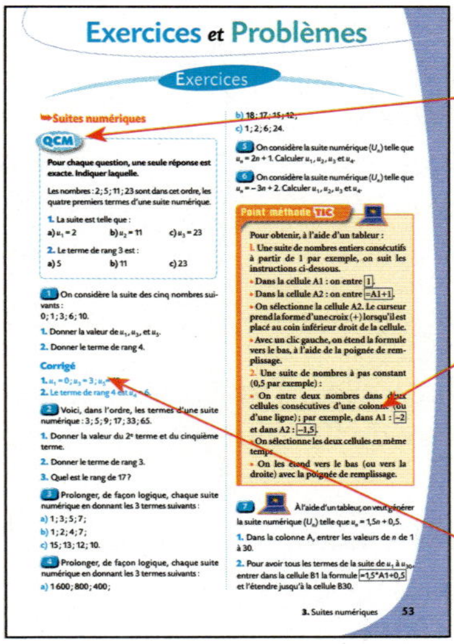

Exercices et Problèmes

Des QCM pour tester ses connaissances avant d'aborder les exercices

Des points méthode qui détaillent les techniques de résolution, (les points méthode TIC sont orientés sur l'utilisation de la calculatrice et des logiciels informatiques)

Des exercices corrigés qui appliquent ces méthodes

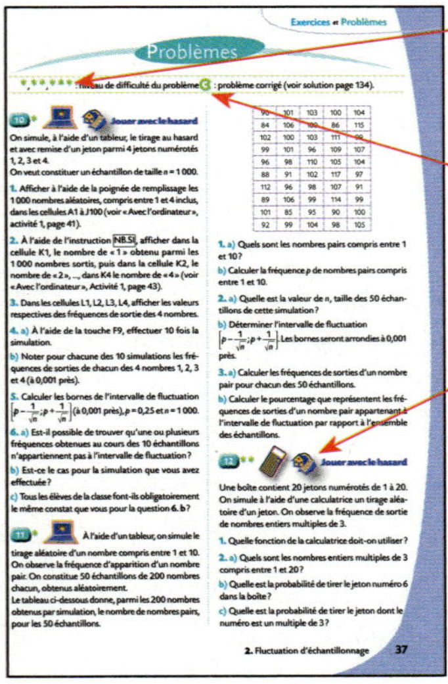

*, * *, * * * indique le niveau de difficulté du problème

indique que le problème est corrigé en fin d'ouvrage

indiquent les problèmes liés aux thématiques du programme

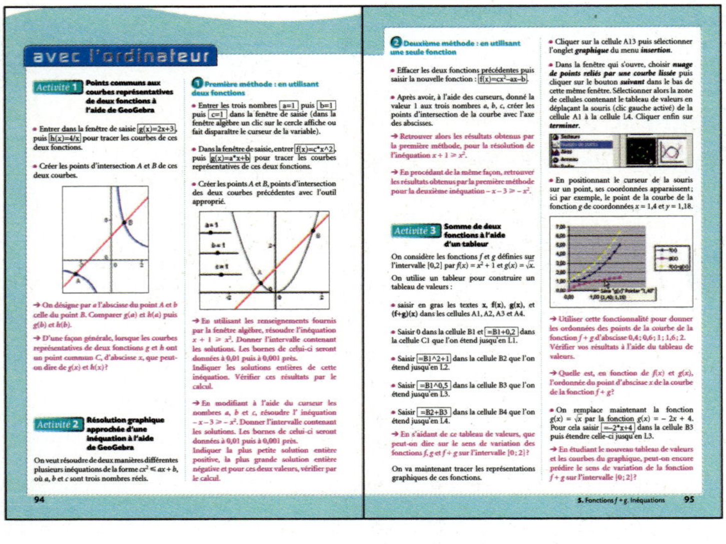

Avec l'ordinateur

Des activités avec des logiciels courants (tableur, GeoGebra, Sine Qua Non)

Thématiques
dans les problèmes

Chapitre 1 **Statistique à une variable**	Chapitre 2 **Fluctuation d'échantillonnage**	Chapitre 3 **Suites numériques**	Chapitre 4 **Fonctions de référence. Fonctions *kf***
Développement Durable : Protéger la planète, Gérer les ressources naturelles, Transporter des personnes ou des marchandises, Comprendre les enjeux de l'évolution démographique.			
		45 et 46	27
Prévention, santé et sécurité : Prévenir un risque lié à l'environnement, Prendre conscience du danger des pratiques addictives, Prendre soin de soi, Utiliser un véhicule.			
18, 27			
Évolution des sciences et techniques : Transmettre une information, Mesurer le temps et les distances, Découvrir les nombres à travers l'histoire des mathématiques, Observer le ciel.			
		44	
Vie sociale et loisirs : Construire et aménager une maison, Jouer avec le hasard, Comprendre l'information, Croire un sondage, Préparer un déplacement.			
20	10, 12, 15, 18		
Vie économique et professionnelle : Choisir un crédit, Établir une facture, Payer l'impôt, Concevoir un produit, Gérer un stock, Contrôler la qualité.			
17, 28	13, 14, 16		25, 26, 28

Chapitre 5 **Fonctions $f + g$. Inéquations**	**Chapitre 6** **Second degré**	**Chapitre 7** **Nombre dérivé**
Développement Durable : Protéger la planète, Gérer les ressources naturelles, Transporter des personnes ou des marchandises, Comprendre les enjeux de l'évolution démographique.		
28		
Prévention, santé et sécurité : Prévenir un risque lié à l'environnement, Prendre conscience du danger des pratiques addictives, Prendre soin de soi, Utiliser un véhicule.		
31		29
Évolution des sciences et techniques : Transmettre une information, Mesurer le temps et les distances, Découvrir les nombres à travers l'histoire des mathématiques, Observer le ciel.		
Vie sociale et loisirs : Construire et aménager une maison, Jouer avec le hasard, Comprendre l'information, Croire un sondage, Préparer un déplacement.		
Vie économique et professionnelle : Choisir un crédit, Établir une facture, Payer l'impôt, Concevoir un produit, Gérer un stock, Contrôler la qualité.		
25, 29	23	

Programme

1. Statistique et probabilités

1.1 Statistique à une variable

Capacités	Connaissances	Commentaires
Interpréter des indicateurs de tendance centrale et de dispersion, calculés à l'aide des TIC, pour différentes séries statistiques quantitatives.	Indicateurs de tendance centrale : mode, classe modale, moyenne, médiane. Indicateurs de dispersion : étendue, écart type, écart interquartile $Q_3 - Q_1$. Diagramme en boîte à moustaches.	Étudier des exemples de distribution bimodale. Résumer une série statistique par le couple (moyenne, écart type), ou par le couple (médiane, écart interquartile). En liaison avec les enseignements professionnels, avoir environ 95 % des valeurs situées autour de la moyenne à plus ou moins deux écarts types est présenté comme une propriété de la courbe de Gauss. Interpréter des diagrammes en boîte à moustaches. La réalisation de tels diagrammes n'est pas exigible.

1.2 Fluctuation d'une fréquence selon les échantillons, probabilités

Capacités	Connaissances	Commentaires
Expérimenter, à l'aide d'une simulation informatique, la prise d'échantillons aléatoires de taille n fixée, extraits d'une population où la fréquence p relative à un caractère est connue.	Distribution d'échantillonnage d'une fréquence.	
Calculer la moyenne de la série des fréquences f_i des échantillons aléatoires de même taille n prélevés. Comparer la fréquence p de la population et la moyenne de la série des fréquences f_i des échantillons aléatoires de même taille n prélevés, lorsque p est connu.	Moyenne de la distribution d'échantillonnage d'une fréquence.	La population est suffisamment importante pour pouvoir assimiler les prélèvements à des tirages avec remise. La stabilisation vers p, lorsque la taille n des échantillons augmente, de la moyenne des fréquences est mise en évidence graphiquement à l'aide d'un outil de simulation. Distinguer, par leurs notations, la fréquence p de la population et les fréquences f_i des échantillons aléatoires.
Calculer le pourcentage des échantillons de taille n simulés, pour lesquels la fréquence relative au caractère étudié appartient à l'intervalle donné $\left[p - \frac{1}{\sqrt{n}} ; p + \frac{1}{\sqrt{n}}\right]$ et comparer à une probabilité de 0,95. Exercer un regard critique sur des données statistiques en s'appuyant sur la probabilité précédente.	Intervalle de fluctuation.	Se restreindre au cas où $n \geqslant 30$, $np \geqslant 5$ et $n(1-p) \geqslant 5$: la connaissance de ces conditions n'est pas exigible. La formule de l'intervalle est donnée. La connaissance de la « variabilité naturelle » des fréquences d'échantillons (la probabilité qu'un échantillon aléatoire de taille n fournisse une fréquence dans l'intervalle $\left[p - \frac{1}{\sqrt{n}} ; p + \frac{1}{\sqrt{n}}\right]$ est supérieure à 0,95) permet de juger de la pertinence de certaines observations.

2. Algèbre – Analyse

2.1 Suites numériques 1

Capacités	Connaissances	Commentaires
Générer expérimentalement des suites numériques à l'aide d'un tableur.	Suites numériques : – notation indicielle ; – détermination de termes particuliers.	Un tableur permet d'explorer différentes suites numériques (arithmétiques, géométriques, autres).
Reconnaître une suite arithmétique, une suite géométrique par le calcul ou à l'aide d'un tableur. Reconnaître graphiquement une suite arithmétique à l'aide d'un grapheur. Réaliser une représentation graphique d'une suite (u_n) arithmétique ou géométrique.	Suites particulières : – définition d'une suite arithmétique et d'une suite géométrique. $u_{n+1} = u_n + r$ et la donnée du premier terme, $u_{n+1} = q \times u_n$ $(q > 0)$ et la donnée du premier terme.	La représentation graphique permet de s'intéresser au sens de variation d'une suite et à la comparaison de deux suites.

2.2 Fonctions de la forme $f + g$ et kf

Capacités	Connaissances	Commentaires
Sur un intervalle donné, étudier les variations et représenter graphiquement les fonctions de référence $x \mapsto \frac{1}{x}$, $x \mapsto \sqrt{x}$ et $x \mapsto x^3$.	Sens de variation et représentation graphique sur un intervalle donné des fonctions de référence $x \mapsto \frac{1}{x}$, $x \mapsto \sqrt{x}$ et $x \mapsto x^3$.	Traduire par des inégalités la croissance ou la décroissance de ces fonctions sur les intervalles envisagés.
Construire et exploiter, avec les TIC, sur un intervalle I donné, la représentation graphique des fonctions de la forme $f + g$ et kf, k étant un réel non nul, à partir d'une représentation graphique de la fonction f et de la fonction g.	Processus de construction de la représentation graphique des fonctions de la forme $f + g$ et kf, k étant un réel non nul, à partir d'une représentation graphique de la fonction f et de la fonction g.	
Sur un intervalle donné, déterminer les variations de fonctions de la forme $f + g$ (f et g de même sens de variation) et de la forme kf, k étant un réel non nul, où f et g sont des fonctions de référence ou des fonctions générées par le produit d'une fonction de référence par un réel. En déduire une allure de la représentation graphique de ces fonctions.	Représentation graphique des fonctions : $x \mapsto ax + b$, $x \mapsto cx^2$, $x \mapsto \frac{d}{x}$, $x \mapsto \sqrt{x}$, $x \mapsto x^3$, pour des valeurs réelles a, b, c et d fixées. Variations d'une somme de deux fonctions ayant même sens de variation. Variations d'une fonction de la forme kf, k étant un réel donné.	En classe de première professionnelle, les fonctions de référence sont : $x \mapsto ax + b$ (a et b réels), $x \mapsto x^2$, $x \mapsto \frac{1}{x}$, $x \mapsto \sqrt{x}$ et $x \mapsto x^3$. Les théorèmes sont admis après des conjectures émises à partir des représentations graphiques effectuées à l'aide des TIC.
Résoudre graphiquement des inéquations de la forme $f(x) > 0$ et $f(x) \geqslant g(x)$, où f et g sont des fonctions de référence ou des fonctions générées à partir de celles-là.	Processus de résolution graphique d'inéquations de la forme $f(x) > 0$ et $f(x) \geqslant g(x)$ où f et g sont des fonctions de référence ou des fonctions générées à partir de celles-là.	Les TIC sont utilisées pour faciliter les résolutions graphiques. La détermination, à l'aide des TIC, d'un encadrement à une précision donnée d'une solution, si elle existe, de l'équation $f(x) = c$ où c est un nombre réel donné, est réalisée.

2.3 Du premier au second degré

Capacités	Connaissances	Commentaires
Utiliser les TIC pour compléter un tableau de valeurs, représenter graphiquement, estimer le maximum ou le minimum d'une fonction polynôme du second degré et conjecturer son sens de variation sur un intervalle.	Expression algébrique, nature et allure de la courbe représentative de la fonction $f : x \mapsto ax^2 + bx + c$ (a réel non nul, b et c réels) en fonction du signe de a.	
Résoudre algébriquement et graphiquement, avec ou sans TIC, une équation du second degré à une inconnue à coefficients numériques fixés. Déterminer le signe du polynôme $ax^2 + bx + c$ (a réel non nul, b et c réels).	Résolution d'une équation du second degré à une inconnue à coefficients numériques fixés.	Dans les énoncés de problèmes ou d'exercices, les formules sont à choisir dans un formulaire spécifique donné en annexe. Former les élèves à la pratique d'une démarche de résolution de problèmes. La résolution de l'équation $ax^2 + bx + c = 0$ et la connaissance de l'allure de la courbe d'équation $y = ax^2 + bx + c$ permettent de conclure sur le signe du polynôme.

2.4 Approcher une courbe avec des droites

Capacités	Connaissances	Commentaires
Expérimenter à l'aide des TIC, l'approximation affine donnée de la fonction carré, de la fonction racine carrée, de la fonction inverse au voisinage d'un point.	La droite représentative de la « meilleure » approximation affine d'une fonction en un point est appelée tangente à la courbe représentative de cette fonction en ce point.	
Déterminer, par une lecture graphique, le nombre dérivé d'une fonction f en un point. Conjecturer une équation de la tangente à la courbe représentative d'une fonction en ce point. Construire en un point une tangente à la courbe représentative d'une fonction f connaissant le nombre dérivé en ce point. Écrire l'équation réduite de cette tangente.	Nombre dérivé et tangente à une courbe en un point.	L'étude ne se limite pas aux fonctions de référence. Le coefficient directeur de la tangente à la courbe représentative de la fonction f au point de coordonnées $(x_A, f(x_A))$ est appelé nombre dérivé de f en x_A.

Sommaire

Chapitre 1

Statistique à une variable

Investigation

Dans cette équipe de basket, les écarts de taille sont-ils importants ?

Taille médiane des joueurs

À la découverte de…

Activité 1 Comment calculer l'écart interquartile ?

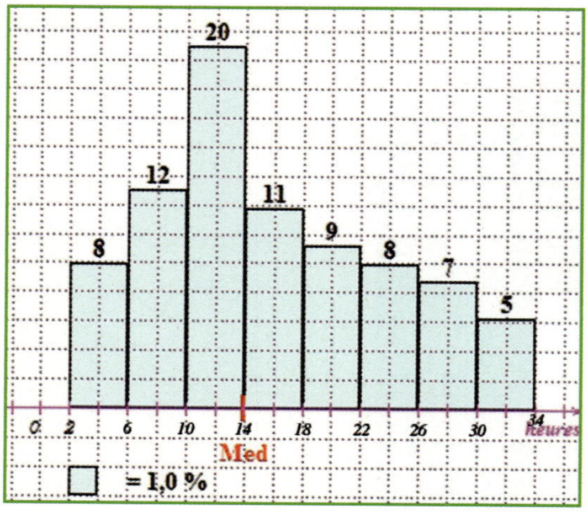

Une enquête est réalisée auprès de 80 élèves de première bac pro. Elle porte sur le temps passé, pendant une semaine, devant un écran d'ordinateur au cours de différentes activités : étude, internet, jeux.

Avec le logiciel Sine Qua Non, on a établi l'histogramme ci-contre. Les effectifs sont précisés au-dessus de chaque rectangle. Un carreau représente 1 % de l'effectif total.

1. a) La classe qui a l'effectif le plus important est la classe modale. **Déterminer** la classe modale de cette série statistique.

b) **Calculer** le centre de la classe modale. Cette valeur est appelée mode de la série, c'est un indicateur de tendance centrale.

2. **Déterminer** les valeurs :

a) du premier quartile Q_1 ;

b) du troisième quartile Q_3.

3. **Calculer** $Q_3 - Q_1$. Cette valeur est appelée écart interquartile, c'est un indicateur de dispersion.

4. La phrase « 50 % des élèves sont devant un écran d'ordinateur 14 heures ou plus par semaine » est-elle correcte ?

5. Quel est le pourcentage d'élèves dont la durée d'utilisation d'un ordinateur se situe dans l'intervalle $[Q_1 ; Q_3]$?

Coup de pouce

25% des élèves sont devant l'ordinateur moins de «Q_1» heures.

Activité 2 Comment calculer l'écart type ?

Pendant un mois une médiathèque a relevé, auprès d'un échantillon de 50 utilisateurs, le nombre de livres empruntés par chacun d'eux.

Nombre de livres empruntés x_i	0	1	2	3	4	5
Nombre d'utilisateurs n_i	7	14	12	9	5	3

1. a) Représenter cette série par un diagramme en bâtons, par exemple à l'aide d'un tableur.
b) Déterminer la moyenne de livres empruntés par utilisateur durant cette période.

2. a) Mettre la calculatrice en mode statistique et enregistrer les données (x_i, n_i) de la série (voir rabats de couverture).
b) Retrouver la valeur de la moyenne $\overline{x}$ obtenue en **1. b**.
c) Donner la valeur de l'écart type σ (sigma) à 0,01 près.

3. L'écart type est un indicateur de dispersion. Il traduit une « moyenne d'écarts ».
a) À l'aide de la calculatrice, **effectuer** le calcul suivant :

$$V = \frac{n_1(x_1 - \overline{x})^2 + n_2(x_2 - \overline{x})^2 + \ldots + n_6(x_6 - \overline{x})^2}{50}.$$

b) Calculer $\sqrt{V}$.

c) Vérifier que l'écart type σ, obtenu à la question **2. c** est égal à $\sqrt{V}$.

Activité 3 Comment comparer des séries statistiques ?

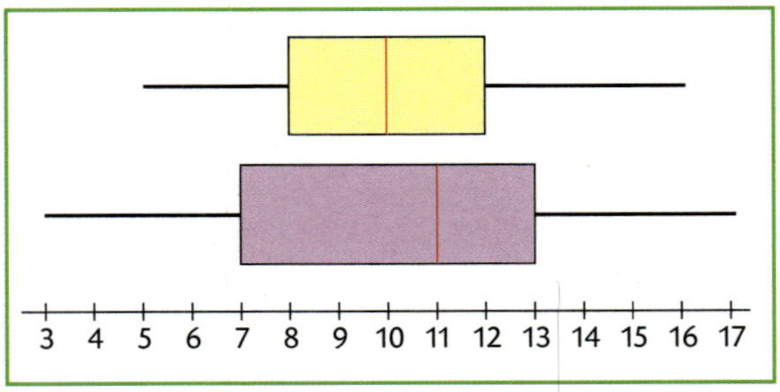

Lors d'une épreuve de baccalauréat blanc, un professeur compare les résultats de la classe de terminale *A* avec l'ensemble des résultats obtenus.

Pour cela, il utilise des diagrammes appelés diagrammes en boîte à moustaches. Ils sont réalisés à partir de la série de notes des 24 élèves de la terminale *A* (en jaune) et celle de l'ensemble des 96 élèves du lycée (en violet).

Coup de pouce

La boîte a comme extrémités le premier et troisième quartile. Elle est partagée par la médiane.
Les moustaches se prolongent aux valeurs extrêmes de la série.

1. Calculer l'étendue de la série terminale *A* et l'étendue de la série lycée.

2. Calculer l'écart interquartile de la terminale *A*, puis celui du lycée.

3. a) Peut-on affirmer que « 48 élèves ou plus du lycée ont eu au moins 11 à cette épreuve » ?
b) Compléter la phrase « Au moins la moitié des élèves de terminale *A* ont eu ……… ou plus. »

4. Comparer les étendues et les écarts interquartiles des deux séries. Peut-on dire « les élèves de la terminale *A* ont des résultats plus homogènes que l'ensemble des élèves du lycée » ?

L'essentiel

1 Le mode

Le mode est la valeur de la variable statistique qui a le plus grand effectif. C'est un indicateur de tendance centrale.

Dans le cas d'une distribution en classes, le mode est le centre de la classe modale. Il peut exister plusieurs modes.

2 L'écart type

L'écart type est un indicateur de dispersion de la série statistique. Il se note σ (« sigma »).

Il traduit une moyenne d'écarts autour de la valeur moyenne $\overline{x}$.
Pour certaines distributions statistiques, on constate qu'environ 95 % des valeurs de la variable appartiennent à l'intervalle $[\overline{x} - 2\sigma ; \overline{x} + 2\sigma]$.

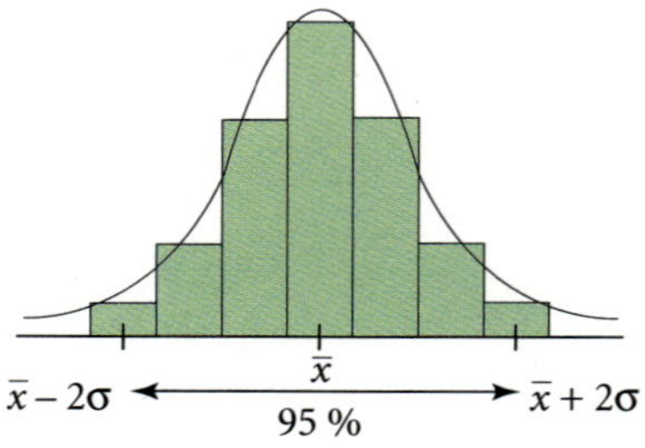

Courbe de Gauss

3 L'écart interquartile

L'écart interquartile est la différence entre le troisième et le premier quartile de la série statistique.

Écart interquartile $= Q_3 - Q_1$
C'est un indicateur de dispersion.

4 Les indicateurs statistiques

Pour comparer des séries statistiques, on utilise **les indicateurs de tendance centrale** (mode, moyenne, médiane) et **les indicateurs de dispersion** (étendue, écart type, écart interquartile).
Une série statistique peut se caractériser par les couples d'indicateurs $(\overline{x} ; \sigma)$ ou (*Me*, **écart interquartile**).

5 Diagrammes en boîte à moustaches

Le diagramme en boîte à moustaches permet de visualiser 5 données : le minimum et le maximum, le premier et le troisième quartile, la médiane d'une série statistique.

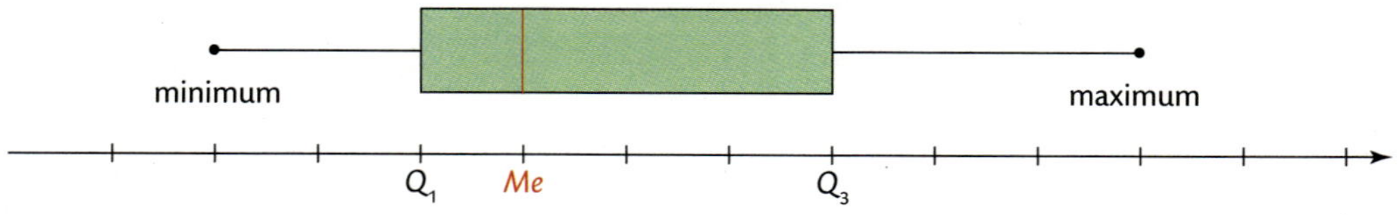

Exercices et Problèmes

Exercices

➥Le mode

QCM

Pour chaque question, une seule réponse est exacte. Indiquer laquelle.

1. Donner le mode de la série de notes suivante :
8 ; 11 ; 10 ; 12 ; 10 ; 16 ; 14 ; 12 ; 9 ; 10 ; 16 ; 15.

a) 16 b) 8 c) 10

2. La classe modale d'une distribution statistique est la classe [80 ; 85[.
Le mode est donc :

a) 85 b) 80 c) 82,5

3. L'effectif de la classe modale [20 ; 40[est de 105.
Le mode est donc :

a) 40 b) 105 c) 30

Point méthode

- Pour déterminer le mode d'une série statistique à partir d'une représentation graphique, on observe la valeur du caractère qui correspond au secteur circulaire le plus important, au bâton ou au rectangle (histogramme avec des classes de même amplitude) le plus haut.
- À partir d'un tableau, on repère la valeur du caractère qui a l'effectif ou la fréquence la plus importante. Le mode est cette valeur. Attention à ne pas confondre avec l'effectif !
- Il peut y avoir plusieurs modes pour une série statistique.

1 Les 70 employés d'une entreprise bénéficient d'une prime de fin d'année suivant leur ancienneté. L'histogramme ci-après donne la répartition des 70 employés selon le montant de la prime.

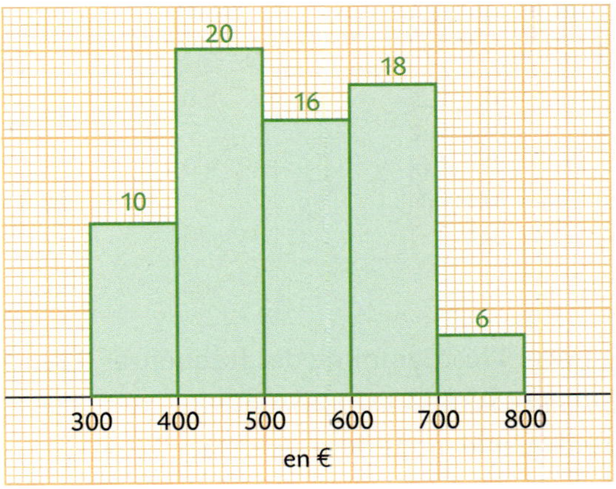

1. Quel est le mode de la série statistique ?

2. Au lieu de 580 € de prime, 2 employés doivent finalement percevoir 620 €.
Indiquer le (les) mode(s) de cette nouvelle série statistique.

Corrigé

1. L'effectif le plus important est 20. Le rectangle le plus haut est celui dont la base est la classe [400 ; 500[. La classe modale est [400 ; 500[. Le mode est le centre de cette classe : 450 €.

2. Les 2 classes [400 ; 500[et [600 ; 700[ont alors le même effectif de 20 employés. La série est dite bimodale. 450 € et 650 € sont les 2 modes de la nouvelle série statistique.

2 La répartition des invités à une soirée suivant leur âge est représentée par l'histogramme ci-dessous.

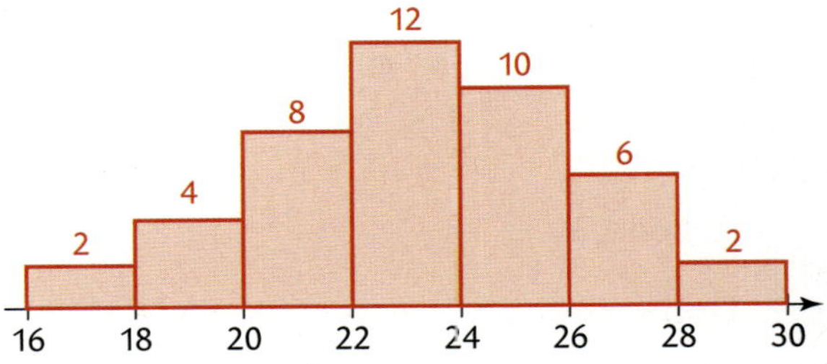

1. Combien y a-t-il d'invités à la soirée?

2. Indiquer la classe modale puis le mode de la série statistique.

3 **1.** Recopier et compléter le tableau statistique suivant qui donne la consommation de boissons gazeuses pour un échantillon de 500 consommateurs.

Consommation journalière de boissons gazeuses (en L)	Effectif	Fréquence en %
[0 ; 0,2[	160	
[0,2 ; 0,4[		
[0,4 ; 0,6[	100	
[0,6 ; 0,8[		20
[0,8 ; 1 [	20	
	500	100

2. Tracer l'histogramme des fréquences. Prendre 1 cm pour 0,1 L et 1 cm pour 5 %.

3. Indiquer le mode de la série statistique.

➥Indicateurs de dispersion

QCM

Pour chaque question, une seule réponse est exacte. Indiquer laquelle.

1. Donner l'écart type de la série statistique suivante :

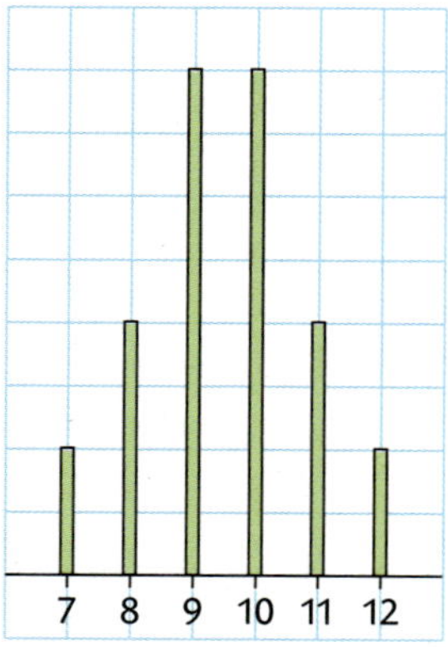

a) 0,5
b) 2,5
c) environ 1,3

2. Donner l'écart interquartile de la série suivante :
9 ; 10 ; 11 ; 11 ; 13 ; 14 ; 14 ; 15 ; 16 ; 16 ; 17 ; 18.

a) 9 **b)** 14 **c)** 5

➥Calcul de l'écart type

Point méthode TIC

• Pour calculer l'écart type d'une série statistique, on entre les couples (x_i, n_i) de la série dans le tableau statistique de la calculatrice.

Si la série statistique est répartie en classes on prend comme valeur x_i le centre de chacune des classes.

• La calculatrice affiche directement la valeur exacte ou approchée de l'écart type (voir rabats de couverture).

CASIO : notation xσn=

TEXAS : notation σx=

4 La série statistique suivante donne la durée de vie des lave-vaisselle d'un échantillon de 100 appareils.

Durée de vie en années	Effectif n_i
[4 ; 6[	5
[6 ; 8[	16
[8 ; 10[	29
[10 ; 12[	27
[12 ; 14[	17
[14 ; 16[	6
	100

1. Calculer le centre de chacune des 6 classes.

2. Entrer les données (x_i, n_i) dans la calculatrice mise en mode statistique.

3. Donner les valeurs approchées à 0,1 près :

a) de la moyenne $\overline{x}$;

b) de l'écart type σ.

4. Estimer le pourcentage d'appareils dont la durée de vie est comprise entre $(\overline{x} - 2\sigma)$ et $(\overline{x} + 2\sigma)$.

Corrigé

1. $x_1 = \frac{4+6}{2} = 5$; $x_2 = 7$; ${}_3 = 9$; $x_4 = 11$; $x_5 = 13$; $x_6 = 15$.

2. On entre les couples (5 ; 5), (7 ; 16), ..., (15 ; 6) dans la calculatrice. On vérifie que l'effectif total est égal à 100.

3. On obtient :

a) $\overline{x} = 10{,}06$ soit $\overline{x} \approx 10{,}1$ à 10^{-1} près.
La durée de vie moyenne est de 10 ans.

b) $\sigma \approx 2{,}50527$ soit $\sigma \approx 2{,}5$ à 10^{-1} près.
L'écart type est de 2,5 ans environ.

4. L'intervalle $[\bar{x} - 2\sigma ; \bar{x} + 2\sigma]$ est $[10{,}1 - 5 ; 10{,}1 + 5]$ soit $[5{,}1 ; 15{,}1]$. On arrondit les valeurs des bornes à $[5 ; 15]$. On estime le nombre d'appareils dont la durée de vie est comprise dans cet intervalle.
De 5 à 6 ans : la moitié de l'effectif de la classe $[4 ; 6]$ soit $\frac{5}{2} = 2{,}5$.
De 6 à 14 ans : 16 + 29 + 27 + 17.
De 14 à 15 ans : la moitié de l'effectif de la classe $[14 ; 16]$ soit $\frac{6}{2} = 3$.
2,5 + 16 + 29 +27+ 17 + 3 = 94,5. Dans l'échantillon de 100 appareils, il y a environ 95 % d'appareils dont la durée de vie appartient à l'intervalle $[\bar{x} - 2\sigma ; \bar{x} + 2\sigma]$.

5 Un organisateur de spectacles établit des prévisions concernant le prix des places.

Prix des places €	18	25	35	50
Effectif	1 200	600	400	300

1. Entrer les données (x_i, n_i) dans le tableau statistique de la calculatrice.
2. Donner la valeur de la moyenne $\bar{x}$.
3. Donner la valeur de l'écart type σ à 0,01 € près.

6 Un laboratoire pharmaceutique produit un médicament dont les gélules doivent contenir 2 g d'une molécule particulière.
On a relevé, dans un échantillon de 1 000 gélules, la quantité de cette molécule dans chaque gélule.

Quantité (g)	Effectif
[1,92 ; 1,94[	8
[1,94 ; 1,96[	38
[1,96 ; 1,98[	285
[1,98 ; 2,00[	340
[2,00 ; 2,02[	273
[2,02 ; 2,04[	56
	1 000

1. Entrer les données (x_i, n_i) dans le tableau statistique de la calculatrice. x_i est le centre de classe.
2. Donner la valeur de la moyenne $\bar{x}$.
3. Donner la valeur de l'écart type σ à 0,01 près.
4. a) Estimer le nombre de gélules de l'échantillon contenant entre 1,95 g et 2,03 g de cette molécule.
b) Peut-on dire : « environ 95% des gélules contiennent une quantité de molécules comprise dans l'intervalle $[\bar{x} - 2\sigma ; \bar{x} + 2\sigma]$ » ?

➡Calcul de l'écart interquartile

Point méthode TIC

- Pour calculer l'écart interquartile : on range les valeurs de la variable statistique par ordre croissant en utilisant la fonction appropriée du logiciel utilisé ou de la calculatrice ;
- on détermine le premier quartile Q_1 ;
- on détermine le troisième quartile Q_3 ;
- on calcule $Q_3 - Q_1$.

Certaines calculatrices donnent les valeurs Q_1 et Q_3 (voir rabats de couverture).
Les fonctions =QUARTILE(plage;1) =QUARTILE(plage;3) d'un tableur donnent Q_1 et Q_3.

7 Les prix des netbooks vendus dans un grand magasin au cours du mois de décembre sont donnés dans le tableau ci-dessous.

Prix en €	Effectif
[260 ; 280[	28
[280 ; 300[	28
[300 ; 320[	19
[320 ; 340[	9
[340 ; 360[	15
[360 ; 380[	13
	112

1. Déterminer le premier quartile Q_1.
2. Déterminer le troisième quartile Q_3.
3. Calculer l'écart interquartile.

Corrigé

1. N = 112 ; le rang du premier quartile est $\frac{112}{4} = 28$.
28 ordinateurs ont été vendus 280 € ou moins.
$Q_1 = 280$ €.
2. Rang du troisième quartile : $112 \times \frac{3}{4} = 84$.
Effectif cumulé croissant de la classe $[320 ; 340[= 28 + 28 + 19 + 9 = 84$.

84 ordinateurs ont été vendus 340 € ou moins.
$Q_3 = 340$ €.
3. L'écart interquartile est $Q_3 - Q_1 = 340 - 280 = 60$ €. La moitié des netbooks a été vendue dans une fourchette de prix de 60 €.

8 À la barrière d'un péage autoroutier, les durées d'attente pour 20 voitures ont été les suivantes :
10 min ; 12 min ; 9 min ; 8 min ; 10 min ;
11 min ; 11 min ; 13 min ; 11 min ; 10 min ;
9 min ; 8 min ; 7 min ; 8 min ; 10 min ;
10 min ; 11 min ; 12 min ; 13 min ; 12 min.

1. Classer les durées d'attente par ordre croissant.

2. Déterminer les quartiles Q_1 et Q_3.

3. Calculer l'écart interquartile.

9 Un groupe de 16 touristes a noté durant leur séjour le nombre de « sms » envoyés par chacun d'entre eux.
Le diagramme en boîte à moustaches ci-dessous a été réalisé à partir de la série statistique obtenue.

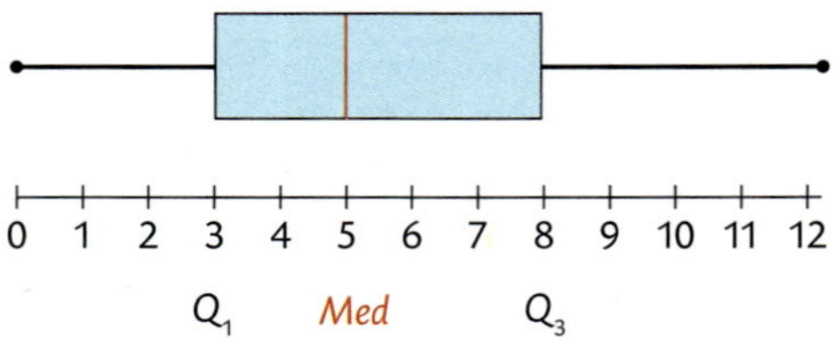

1. Calculer l'écart interquartile de la série.

2. a) Peut-on affirmer « Au moins 8 vacanciers ont envoyé 5 "sms" ou moins durant le séjour » ?

b) Peut-on affirmer « le maximum de "sms" envoyés par un vacancier est de 10 » ?

Problèmes

*, **, *** : niveau de difficulté du problème C : problème corrigé (voir solution page 134).

10 * En consultant le site Internet de l'Insee, on a obtenu le diagramme suivant, qui donne la répartition de la population active occupée selon le statut des emplois, en milliers.

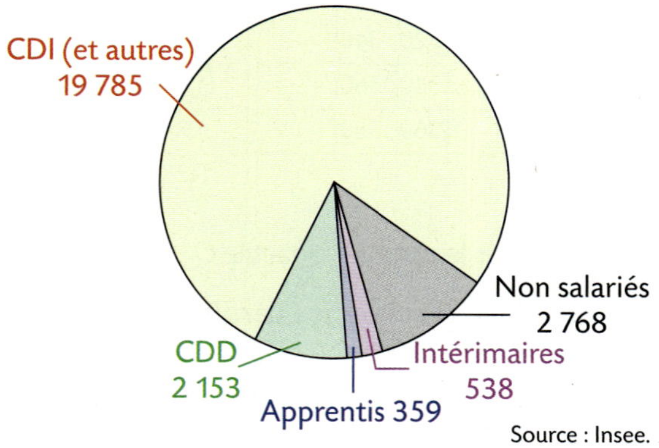

Source : Insee.

1. Établir un tableau statistique donnant la répartition suivant le statut des emplois (en milliers) en indiquant les effectifs et les fréquences (à 0,1 % près).

2. Calculer la valeur de l'angle au centre pour le secteur correspondant aux CDI (à 1° près).

3. Déterminer le mode de cette série statistique.

11 * Dans un lycée, l'infirmière lance une enquête auprès des élèves sur le temps passé à prendre leur petit-déjeuner. Elle obtient le tableau statistique suivant.

Durée (min)	Effectif n_i	Fréquence f_i
[0 ; 5[	70	0,14
[5 ; 10[	180	
[10 ; 15[	110	
[15 ; 20[		0,16
[20 ; 25[	40	
[25 ; 30[		
	500	1,00

1. Recopier et compléter le tableau.

2. Calculer le pourcentage d'élèves qui prennent le petit-déjeuner en moins de 10 min. Que représente la valeur 10 min pour la série statistique ?

3. Déterminer le mode de la série.

4. Tracer l'histogramme sur papier millimétré. Prendre 1 cm pour 5 min et 1 cm pour 20 élèves ou utiliser l'ordinateur et le logiciel Sine Qua Non.

12 * On donne le nombre de personnes à bord des voitures circulant dans une agglomération. L'étude statistique est réalisée sur un échantillon de 1 000 véhicules.

Nombre de personnes	1	2	3	4	5	6	7
Nombre de véhicules	403	282	109	98	71	29	8

1. Déterminer le mode de la série statistique.

2. Calculer la moyenne à 0,1 près.

13 ** Une municipalité a demandé le recensement des hôtels de la commune suivant leur catégorie. Les résultats sont donnés dans le tableau statistique ci-dessous.

Catégorie d'hôtel	Nombre d'hôtels
aucune ★	95
★	121
★★	99
★★★	47
★★★★	16
★★★★★	2

1. Calculer le nombre total d'hôtels recensés.

2. Recopier le tableau et le compléter en y ajoutant la colonne des fréquences. Arrondir à 0,01 près.

3. Déterminer le mode de la série.

4. Représenter la série statistique par un diagramme circulaire à l'aide d'un tableur. Mettre les hôtels 4 étoiles et 5 étoiles dans un même secteur.

14 ** C Une grande enseigne de magasins a étudié les prix des Blu-Ray Discs vendus durant une période d'un mois. Les résultats sont donnés dans l'histogramme ci-dessous.

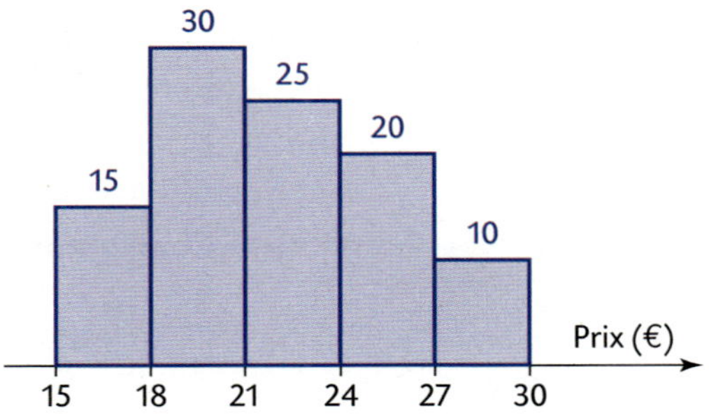

1. Établir un tableau statistique en y intégrant une colonne x_i, centre des classes.

2. Entrer les données (x_i, n_i) dans le tableau statistique de la calculatrice.

3. Donner le prix moyen d'un Blu-Ray Disc.

4. Donner la valeur de l'écart type à 0,01 € près.

15 ** Parmi les élèves de terminale, on recense le nombre d'écrans (téléviseurs, ordinateurs) que possèdent les familles. On obtient les résultats suivants.

Nombre d'écrans	1	2	3	4	5	6
Nombre de familles	10	15	25	25	20	5

1. Représenter cette série statistique par un diagramme en bâtons à l'aide d'un tableur.

2. Calculer l'étendue de la série.

3. Déterminer la médiane.

4. a) Déterminer le premier quartile Q_1 et le troisième quartile Q_3.

b) Calculer l'écart interquartile $Q_3 - Q_1$.

16 ** Une enquête statistique est réalisée auprès des utilisateurs d'une salle de sport. L'étude porte sur l'âge des adhérents.

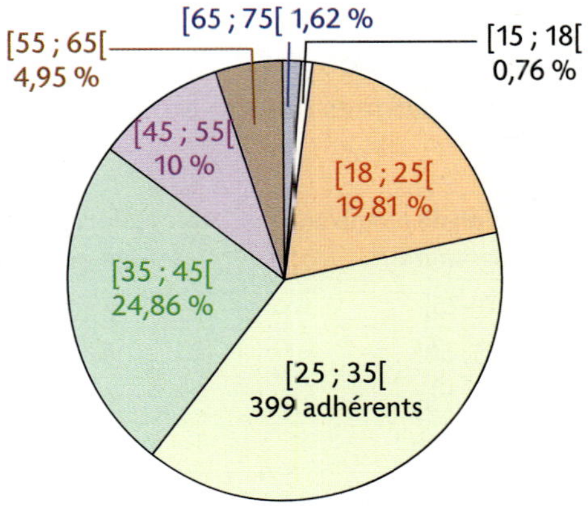

1. a) Calculer le pourcentage d'adhérents âgés de 25 ans inclus à 35 ans exclus.

b) Calculer le nombre total d'adhérents.

2. Calculez le nombre d'adhérents âgés de plus de 45 ans.

3. Calculer l'âge moyen d'un adhérent (à 1 an près). On prendra la valeur centrale de chaque tranche d'âge.

17 ** Contrôler la qualité

Un constructeur automobile a enregistré le nombre de pannes, survenues au cours des deux premières années, pour un nouveau modèle de véhicule. L'étude porte sur un échantillon de 100 véhicules.

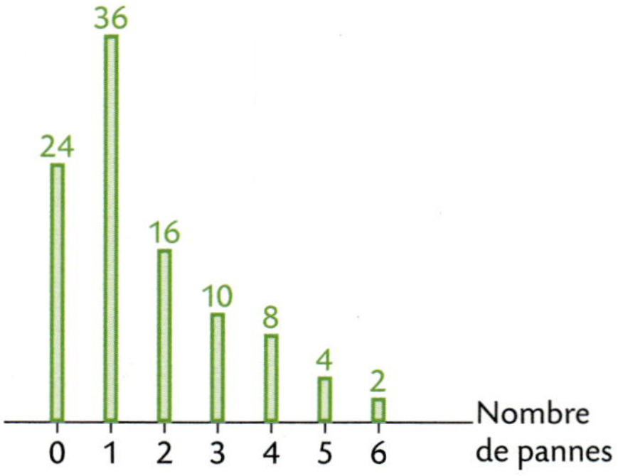

1. Déterminer le mode de la série statistique.

2. En utilisant le mode statistique de la calculatrice :

a) calculer la moyenne $\bar{x}$.

b) Calculer l'écart-type à 0,01 près.

18 ** Prévenir un risque lié à l'environnement

La consommation d'eau chargée en plomb peut provoquer des troubles du système cérébral.
Une étude est menée dans une grande agglomération sur l'eau du robinet de 800 logements. Les résultats sont donnés dans le tableau statistique ci-dessous.

Concentration de plomb en microgramme/L	Nombre de logements
[0 ; 25[	478
[25 ; 50[	142
[50 ; 75[	89
[75 ; 100[	48
[100 ; 125[	25
[125 ; 150[	18
	800

1. Calculer les valeurs $x_1, x_2, ..., x_6$, centres de chacune des classes.

2. Entrer dans le tableau statistique de la calculatrice les données $(x_1, n_1), ..., (x_6, n_6)$.

3. Donner la concentration moyenne en plomb (à 1 microgramme près).

4. Si la concentration en plomb est inférieure à 50 microgrammes par litre, l'eau est considérée de bonne qualité. Quel est le pourcentage de logements dont l'eau est considérée de bonne qualité ?

19 ***

Deux groupes d'élèves A et B ont obtenu les notes suivantes.

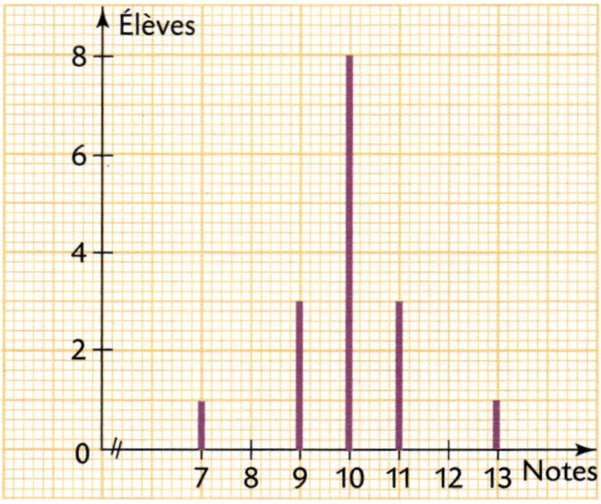

Groupe A

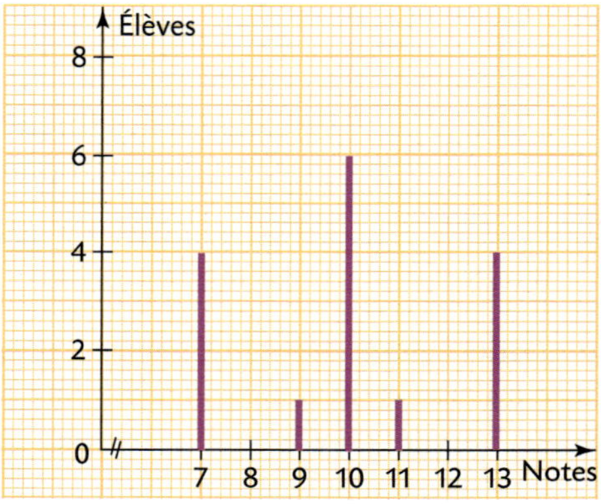

Groupe B

1. Calculer le nombre d'élèves pour chacun des groupes.

2. En observant ces deux diagrammes en bâtons, indiquer parmi les indicateurs statistiques : mode, médiane, moyenne, étendue et premier quartile, lequel d'entre eux est différent pour les deux séries.

20 *** Construire et aménager une maison

Une association de consommateurs étudie les prix de rouleaux de papier peint d'un magasin de bricolage. Elle a établi le tableau statistique ci-dessous à partir d'un échantillon de 200 rouleaux.

Prix d'un rouleau de papier peint (en €)	Nombre de rouleaux
[6 ; 10[	26
[10 ; 14[	24
[14 ; 18[	50
[18 ; 22[	30
[22 ; 26[	40
[26 ; 30[	22
[30 ; 34[	8
	200

1. Déterminer le mode de la série.

2. Calculer l'étendue de la série.

3. Déterminer la médiane de la série.

4. Déterminer le premier quartile Q_1.

5. a) Si on estime que les 40 rouleaux dont les prix appartiennent à la classe [22 ; 26[sont répartis uniformément entre 22 € et 26 €, combien de rouleaux ont un prix compris entre 22 € et 24 € ?

b) Calculer le nombre de rouleaux dont les prix sont inférieurs à 24 €. Déterminer le troisième quartile Q_3.

6. Calculer l'écart interquartile.

21 ** Une compagnie de taxis relève le kilométrage parcouru par les chauffeurs durant un mois. Elle obtient le diagramme suivant.

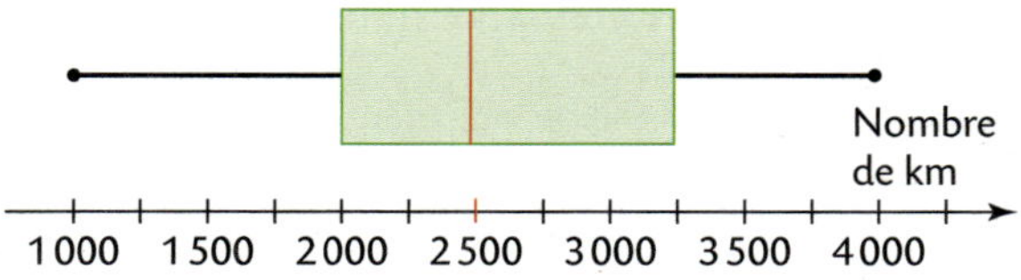

1. Quel est le nom de ce diagramme?

2. Déterminer l'étendue de la série statistique.

3. Déterminer la médiane, puis rédiger une phrase pour en donner la signification.

4. Déterminer le premier quartile et le troisième quartile.

5. Calculer l'écart interquartile de la série statistique.

22 ** Une agence de publicité examine le nombre de journaux gratuits distribués à une station de métro durant 2 mois (52 distributions).

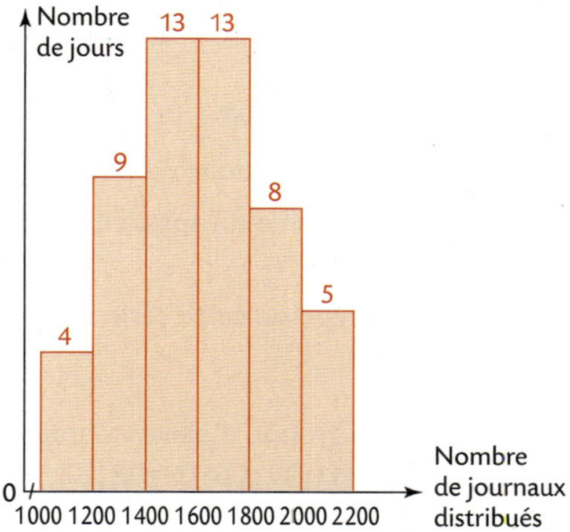

1. Calculer l'étendue de la série statistique.

2. Déterminer le ou les modes de la série.

3. Déterminer la médiane de la série.

4. Calculer l'écart interquartile.

23 ***

Une étude des ventes d'appareils photographiques numériques a donné les résultats suivants pour le rayon d'un hypermarché.

Prix en €	Effectif
[100 ; 140[	6
[140 ; 180[	17
[180 ; 220[	23
[220 ; 260[	23
[260 ; 300[	12
[300 ; 340[	11
	92

1. a) Déterminer le nombre d'appareils photographiques vendus entre 180 euros et 260 euros.

b) Déterminer le pourcentage d'appareils photographiques vendus entre 180 euros et 260 euros.

2. a) Déterminer le premier quartile Q_1, puis le troisième quartile Q_3.

b) Calculer l'écart interquartile.

3. En utilisant le mode statistique de la calculatrice :

a) Calculer le prix moyen d'un appareil photographique (à 0,01 € près).

b) Calculer l'écart type de cette série statistique (à 0,01 € près).

24 *** Un groupe d'élèves a obtenu les notes suivantes : 08 ; 11 ; 12 ; 06 ; 09 ; 08 ; 07 ; 10 ; 10.

1. Calculer la moyenne du groupe et l'étendue.

2. Le professeur décide de remonter la moyenne de ce groupe en ajoutant 1 point à chaque élève.

a) Que se passe-t-il pour la moyenne et l'étendue ?

b) Déterminer la médiane de la nouvelle série.

c) L'écart type de la nouvelle série sera-t-il différent de l'ancienne série de notes ?

25 *** Ce tableau statistique donne les résultats obtenus par 2 classes différentes lors d'un contrôle commun.

Notes	Effectif (classe *A*)	Effectif (classe *B*)
3	4	1
5	3	1
6	2	1
8	2	4
9	2	5
10	5	7
11	2	5
12	2	4
14	2	1
15	3	1
17	4	1
	31	31

1. Représenter les résultats obtenus par 2 diagrammes en bâtons en utilisant l'ordinateur.

2. Calculer pour ces deux classes : l'étendue, le mode, la moyenne, la médiane.

3. Les deux classes ont un « profil » très différent.

a) Calculer l'écart interquartile de la classe *A*.

b) Calculer l'écart interquartile de la classe *B*.

c) Quelle est la classe la plus hétérogène ?

26 ***

On compare les salaires versés dans deux entreprises.

Entreprise A		Entreprise B	
Salaires (en €)	Effectif	Salaires (en €)	Effectif
[1 400 ; 1 600[	30	[1 400 ; 1 600[	10
[1 600 ; 1 800[	30	[1 600 ; 1 800[	50
[1 800 ; 2 000[	30	[1 800 ; 2 000[	50
[2 000 ; 2 200[	30	[2 000 ; 2 200[	10
	120		120

1. Calculer les moyennes de ces deux séries statistiques.

2. Calculer les médianes de ces deux séries statistiques.

3. a) La dispersion des salaires est-elle identique dans ces deux entreprises ?

b) À l'aide du mode statistique de la calculatrice, calculer l'écart type de ces deux séries statistiques (à 1 € près). Vérifier que la réponse **3. a** est justifiée.

27 ** **Prendre soin de soi**

Un centre médical a décidé une campagne de prévention. Il a procédé à l'analyse du taux de cholestérol pour 200 personnes considérées comme « bien portantes ». Les résultats sont donnés ci-dessous.

Taux de cholestérol dans le sang (g/L)	Effectif
[0,6 ; 1,0[	4
[1,0 ; 1,4[	17
[1,4 ; 1,8[	46
[1,8 ; 2,2[	72
[2,2 ; 2,6[	35
[2,6 ; 3,0[	20
[3,0 ; 3,4[	6

1. Calculer l'étendue de la série statistique.

2. Déterminer le mode de la série statistique.

3. Calculer le taux moyen de cholestérol pour les 200 persones contrôlées (à 0,1 g/L près).

4. Calculer l'écart type (à 0,1 g/L près).

5. On considère que le taux normal de cholestérol dans le sang doit être compris entre 1,4 g/L et 2,2 g/L. Quelle est la proportion de personnes contrôlées qui sont dans cette norme ?

28 ** **Contrôler la qualité**

Le responsable d'une grande enseigne de la distribution, Mr Faure, a décidé d'améliorer l'accueil de ses clients. Il s'est engagé à diminuer le temps d'attente aux caisses les jours d'affluence.

Pour vérifier l'efficacité du dispositif mis en place, il réalise une enquête statistique un samedi. Les résultats trouvés sont donnés dans le tableau ci-dessous.

Durée d'attente en s	Nombre de clients
[120 ; 150[	76
[150 ; 180[	115
[180 ; 210[	107
[210 ; 240[	93
[240 ; 270[	70
[270 ; 300[	39
	500

1. a) Calculer le nombre de clients qui ont attendu plus de 4 min avant de passer en caisse.

b) Calculer le pourcentage de clients qui ont attendu plus de 4 min (à 1 % près).

2. Calculer, à l'aide du mode statistique de la calculatrice, la durée d'attente moyenne (à 1 s près).

3. Calculer l'écart type à 1 s près.

4. a) Calculer les valeurs $\overline{x} - 2\sigma$ et $\overline{x} + 2\sigma$.

b) On suppose que les effectifs d'une classe sont répartis uniformément. Calculer le nombre de clients qui ont attendu entre 290 s et 300 s.

c) Calculer le pourcentage de clients dont la durée d'attente appartient à l'intervalle $[\overline{x} - 2\sigma ; \overline{x} + 2\sigma]$.

5. Mr Faure est satisfait si plus de 95 % des clients se situent dansl'intervalle $[\overline{x} - 2\sigma ; \overline{x} + 2\sigma]$ et si le pourcentage de clients ayant attendu plus de 4 min est inférieur à 25 %. Est-ce le cas ?

29 ** Une machine remplit automatiquement des bouteilles d'eau de source. Un échantillon de 100 bouteilles fournit les indications suivantes sur la quantité d'eau contenue dans chaque bouteille.

Quantité d'eau (en ml)	Nombre de bouteilles
[1 496 ; 1 498[	2
[1 498 ; 1 500[	4
[1 500 ; 1 502[	20
[1 502 ; 1 504[	38
[1 504 ; 1 506[	28
[1 506 ; 1 508[	8

1. Calculer la moyenne $\overline{x}$ de cette distribution statistique à 0,1 mL près.

2. Calculer l'écart type σ à 0,1 mL près.

3. La machine est bien réglée si la moyenne est supérieure à 1 503 mL et l'écart type inférieur à 1,5 mL. Est-ce le cas ?

avec l'ordinateur

Activité 1 Indicateurs statistiques et diagramme en boîte à moustaches à l'aide de Sine qua non

Dans une entreprise de 22 000 salariés, les élus du personnel étudient la répartition des salaires. Pour les catégories ouvriers, employés, techniciens les salaires se répartissent de la façon suivante :

	Intervalles		
n°	borne inférieure	borne supérieure	Effectifs (entiers)
1	1400	1600	4600
2	1600	1800	6400
3	1800	2000	3700
4	2000	2200	1800
5	2200	2400	2100
6	2400	2600	1850
7	2600	2800	900
8	2800	3000	650

1 Moyenne et écart type

- Cliquer sur l'icône .
- Sélectionner l'onglet :

Valeurs regroupées en classe.

- Entrer les données dans le tableau.

→ Donner le salaire moyen de l'entreprise.

→ Donner la valeur de l'écart type.

→ De ces 2 indicateurs, lequel mesure la dispersion des salaires ?

2 Médiane, écart interquartile et diagramme en boîte à moustaches

→ Donner le salaire médian de l'entreprise. Écrire une phrase qui traduit la signification du salaire médian.

→ Donner les valeurs du 1er et du 3e quartile. Calculer l'écart interquartile $Q_3 - Q_1$.

- Définir le repère en cliquant sur l'icône .
- Sélectionner « diagramme en boîte à moustaches » puis OK.

→ Vérifier que le diagramme obtenu est de ce type :

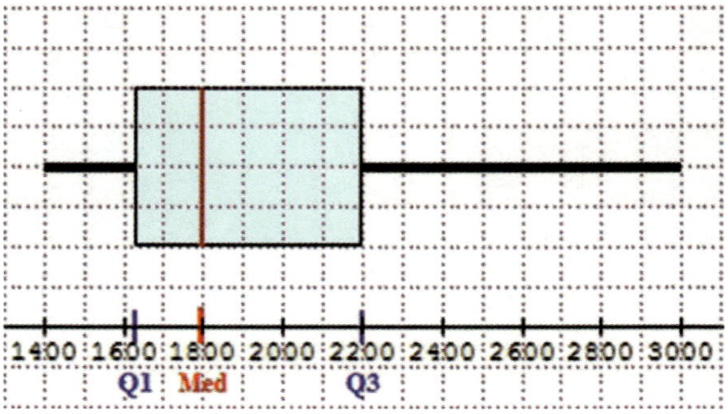

→ À quel indicateur statistique correspond l'écart entre les deux extrêmités des moustaches ?

3 Indicateurs de tendance centrale et de dispersion

Les élus du personnel revendiquent une augmentation mensuelle des salaires de 200 euros pour tous.

- Entrer les nouvelles valeurs des salaires dans le tableau.

→ Donner le salaire moyen et le salaire médian après cette augmentation.

→ De combien ces 2 indicateurs de tendance centrale ont-ils augmenté ?

→ Donner les valeurs des 2 indicateurs de dispersion écart type et écart interquartile. L'augmentation de salaires a-t-elle eu une influence sur la dispersion des salaires dans l'entreprise ?

Activité 2 Comparaison de 2 séries statistiques à l'aide d'un tableur

Le conseil régional souhaite favoriser l'intérêt des lycéens pour les sorties culturelles. Avant de le généraliser, il mesure l'impact d'un dispositif expérimental (aide financière, information ciblée) auprès de lycéens. Le groupe *A* n'a pas bénéficié du dispositif contrairement au groupe *B*; chaque groupe est constitué de 100 élèves.

1 Interprétation graphique

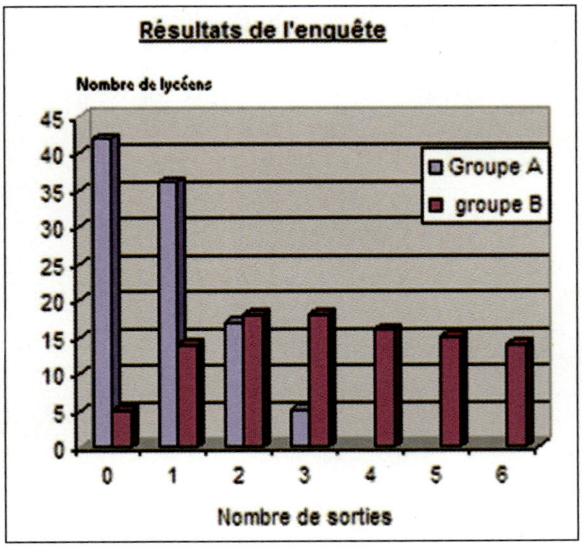

➔ Donner le ou les modes des 2 séries statistiques.

➔ D'après vous, le dispositif a-t-il un impact positif?

2 Indicateurs statistiques

Le diagramme en bâtons a été obtenu à partir du tableau suivant :

Sorties	Groupe A	groupe B
0	42	5
1	36	14
2	17	18
3	5	18
4		16
5		15
6		14
Total	100	100

➔ Donner les valeurs de Q_1, de la médiane et de Q_3 pour la série *A*.

➔ Calculer l'écart interquartile $Q_3 - Q_1$ pour la série *A*.

• Entrer dans la feuille de calcul du tableur le nombre de sorties effectuées par chacun des 100 lycéens du groupe *B*.

	A	B	C	D	E	F	G	H
1		0	1	2	3	4	5	6
2		0	1	2	3	4	5	6
3		0	1	2	3	4	5	6
4		0	1	2	3	4	5	6
5		0	1	2	3	4	5	6
6			1	2	3	4	5	6
7			1	2	3	4	5	6
8			1	2	3	4	5	6
9			1	2	3	4	5	6
10			1	2	3	4	5	6
11			1	2	3	4	5	6
12			1	2	3	4	5	6
13			1	2	3	4	5	6
14			1	2	3	4	5	6
15				2	3	4	5	
16				2	3	4		
17				2	3			
18				2	3			
19								
20	Médiane =							
21	Q1 =							
22	Q3 =							
23	Q3-Q1 =							

• Entrer dans les différentes cellules les formules suivantes :

en B20 : =MEDIANE(B1:H18)

en B21 : =QUARTILE(B1:H18;1)

en B22 : =QUARTILE(B1:H18;3)

en B23 : =B22–B21

➔ Comparer les valeurs des médianes des 2 séries. Le groupe *B* a-t-il été sensible au dispositif?

➔ Comparer les valeurs des écarts interquartiles pour les 2 séries. Les élèves les plus motivés du groupe *B* ont-ils plus de possibilités de sortir grâce à ce dispositif?

Chapitre

2 Fluctuation d'échantillonna

ge

Investigation

Cette espèce d'escargots a-t-elle 25 % d'escargots à coquille jaune ?

Échantillon de 4 escargots

À la découverte de...

Activité 1 Comment interpréter l'échantillonnage d'une fréquence ?

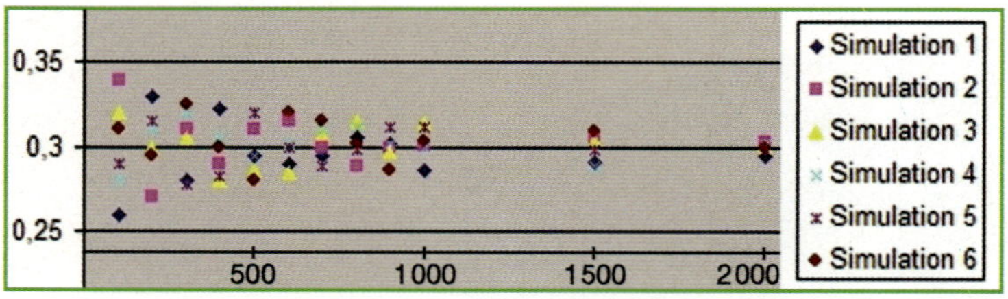

Une urne contient 10 boules de différentes couleurs dont 3 sont de couleur rouge. On tire au hasard une boule que l'on remet dans l'urne après avoir noté si elle est de couleur rouge.

On effectue n fois ce tirage avec remise pour constituer un échantillon aléatoire de taille n.

avec l'ordinateur
Voir aussi Activité 1 page 41

1. Pour observer des échantillons de tailles importantes, on utilise une simulation à l'aide d'un tableur. Les résultats pour 5 échantillons de taille $n = 100$, puis pour 5 échantillons de taille $n = 200$ sont donnés dans le tableau ci-dessous.

Échantillons de taille $n = 100$	**Nombre de boules rouges**	24	20	32		37
	Fréquence f_i		0,20		0,28	
Échantillons de taille $n = 200$	**Nombre de boules rouges**	68			60	53
	Fréquence f'_i	0,34	0,325	0,29		

a) **Recopier et compléter** le tableau.

b) **Calculer** la moyenne des 5 fréquences f_i (taille $n = 100$).

c) **Calculer** la moyenne des 5 fréquences f'_i (taille $n = 200$).

2. On augmente la taille des échantillons : $n = 300$, $n = 400$, …, $n = 2\,000$. Pour chaque taille, on calcule la moyenne des 5 fréquences observées.
On répète la simulation 6 fois. L'enregistrement graphique des résultats est donné ci-dessus.
La proportion de boules rouges est de 30 %, donc $p(\text{rouge}) = 0,30$.

a) Que peut-on dire de la position des points par rapport à la droite $p = 0,3$ en fonction de la taille n des échantillons ?

b) Que peut-on dire de la moyenne des fréquences des échantillons lorsque la taille des échantillons augmente ?

Activité 2 Comment déterminer un intervalle de fluctuation ?

À l'aide d'un tableur, on simule des lancers de pièce. Chaque simulation comporte 100 lancers.

On compte le nombre de sorties de Pile (taille de l'échantillon $n = 100$) et on calcule la fréquence de sortie de Pile.

On a enregistré dans le tableau suivant les fréquences de sortie de Pile pour 50 simulations consécutives de 100 lancers.

0,45	0,56	0,61	0,51	0,50	0,49	0,48	0,39	0,56	0,55
0,38	0,50	0,56	0,40	0,55	0,60	0,49	0,50	0,41	0,56
0,58	0,43	0,45	0,51	0,43	0,46	0,41	0,48	0,53	0,55
0,48	0,57	0,52	0,47	0,44	0,48	0,51	0,53	0,45	0,42
0,46	0,53	0,51	0,46	0,41	0,51	0,58	0,47	0,48	0,50

1. Quel est le pourcentage des simulations qui ont une fréquence de sortie de Pile n'appartenant pas à l'intervalle [0,40 ; 0,60] ?

2. Dans cet échantillonnage, la fréquence p de la population est la probabilité de sortie de Pile : $p = 0{,}5$. On a démontré que, sous certaines conditions ($n \geqslant 30$; $np \geqslant 5$; $n(1-p) \geqslant 5$), environ 95 % des fréquences observées des échantillons aléatoires de taille n se situent dans un intervalle $\left[p - \frac{1}{\sqrt{n}} ; p + \frac{1}{\sqrt{n}}\right]$. Cet intervalle est appelé intervalle de fluctuation.

a) Les conditions sont-elles respectées dans cette simulation ?

b) **Déterminer** l'intervalle de fluctuation de la situation précédente.

c) **Calculer** le pourcentage de fréquences de Pile appartenant à l'intervalle de fluctuation.

Coup de pouce

p est toujours le centre de l'intervalle de fluctuation.

3. Pour vérifier si une pièce est parfaitement équilibrée, un élève effectue 400 lancers consécutifs de cette pièce. Il a noté 169 sorties de Pile.

a) **Calculer** l'intervalle de fluctuation pour cette expérience.

b) La probabilité que la fréquence observée appartienne à l'intervalle de fluctuation est de 0,95. L'élève peut-il être rassuré sur le bon équilibre de la pièce après les 400 lancers ?

Activité 3 Comment utiliser l'intervalle de fluctuation ?

Une production en série est jugée satisfaisante si 90 % des articles sortant de la chaîne de production ne présentent aucun défaut. Lors d'un premier essai sur 100 articles prélevés en bout de chaîne, 98 sont exempts de tout défaut. Le technicien augmente la cadence de production. Sur le nouvel échantillon prélevé de taille $n = 200$, on constate que 176 articles sont sans défaut. On effectue un dernier essai à une vitesse de production encore plus grande ; il y a 315 articles sans défaut dans le dernier échantillon de taille $n = 400$.

1. a) **Calculer**, pour chacun des échantillons, la fréquence d'articles sans défaut.

b) **Vérifier** si cette valeur appartient ou non à l'intervalle de fluctuation correspondant à chacune de ces situations.

2. D'après vous, le technicien peut-il espérer garder la cadence la plus élevée en maintenant l'objectif de qualité ? Quelle cadence doit-il choisir ? **Justifier** votre réponse.

L'essentiel

1 Échantillon

- Le tirage au hasard et avec remise de n éléments dans une population permet de constituer un échantillon aléatoire de taille n. Lorsque l'effectif (N) de population est suffisamment grand par rapport à n, le prélèvement d'un échantillon peut être assimilé à un tirage avec remise. La constitution d'échantillons permet de faire des prévisions (cas des sondages).

- On note p la fréquence relative à un caractère de la population et f la fréquence relative à ce même caractère pour l'échantillon prélevé.

2 Échantillonnage d'une fréquence

- La constitution d'une série d'échantillons aléatoires de même taille n permet de calculer la moyenne de la distribution d'échantillonnage de la fréquence f :

Moyenne des fréquences des échantillons $= \dfrac{f_1 + f_2 + \ldots + f_k}{k}$;
k = nombre d'échantillons.

- Lorsque la taille n des échantillons augmente, on observe que la moyenne des fréquences f_i se stabilise autour de la valeur p.

Exemple : $p = 0{,}3$. 6 simulations (moyenne de 5 échantillons de taille $n = 100, 200, \ldots, 2\,000$).

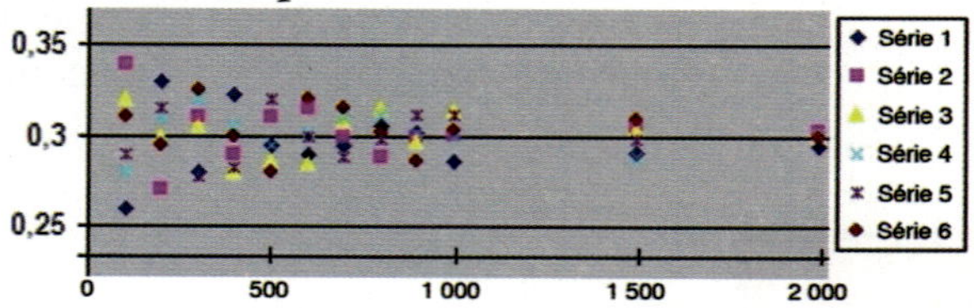

3 Intervalle de fluctuation

- On appelle intervalle de fluctuation, l'intervalle $\left[p - \dfrac{1}{\sqrt{n}} ; p + \dfrac{1}{\sqrt{n}}\right]$.

n = taille de l'échantillon ; p = fréquence du caractère dans la population.
La probabilité que la fréquence f d'un échantillon aléatoire de taille n appartienne à l'intervalle de fluctuation est supérieure à 0,95.
Exemple de simulation : 400 échantillons de taille $n = 100$ avec $p = 1/3$.

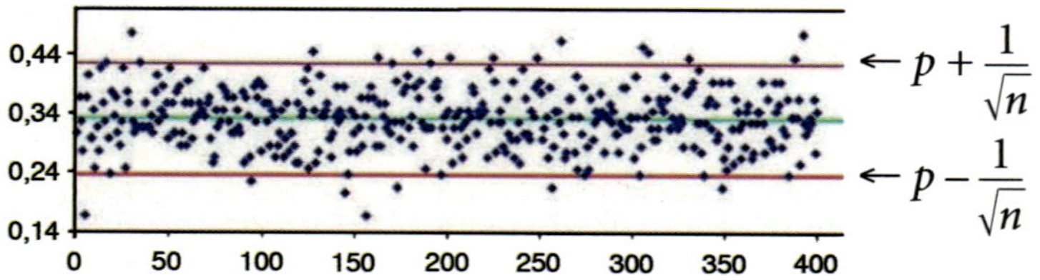

95 % des fréquences appartiennent à l'intervalle de fluctuation.

- L'appartenance ou non de la fréquence f d'un échantillon à l'intervalle de fluctuation permet d'interpréter certaines données statistiques et de juger de la pertinence des observations. C'est la situation d'un contrôle de qualité.

Exercices et Problèmes

Exercices

➥Les fréquences d'échantillonnage

QCM

Pour chaque question, une seule réponse est exacte. Indiquer laquelle.

1. Sur 50 lancers d'une pièce, on a obtenu 21 fois Pile. La fréquence de sortie de Pile est :

a) 0,50 b) 0,21 c) 0,42

2. On lance 10 fois un dé. L'affirmation « On doit toujours obtenir une fréquence de sortie du 1 égale à la fréquence de sortie du 6 » est :

a) vraie b) fausse

3. On lance une pièce équilibrée 300 fois. Le constat « la fréquence de sortie de face est 0,5 » est :

a) possible b) certain c) impossible

Point méthode

Pour calculer la moyenne de la distribution d'échantillonnage d'une fréquence, il faut :

- connaître la taille n des échantillons et le nombre k d'échantillons ;
- connaître le nombre de réalisations de l'événement par échantillon ;
- effectuer le calcul de la fréquence pour chaque échantillon,

$$f_1 = \frac{\text{nombre d'événements réalisés}}{n};$$

- calculer la moyenne des fréquences des k échantillons,

$$\overline{f} = \frac{f_1 + f_2 + \dots + f_k}{k},$$

à l'aide de la calculatrice.

- Pour une simulation par ordinateur, les fonctions des tableurs (Excel – Calc), permettent d'obtenir les fréquences et la moyenne des fréquences (voir « Avec l'ordinateur » Activité 1 p. 43).

1  À un péage autoroutier, la gendarmerie procède à la vérification du certificat de contrôle technique des véhicules.
Elle arrête, chaque heure, 80 véhicules pris au hasard et procède aux vérifications.
L'opération de gendarmerie dure 5 heures.

1. a) Quelle est la taille n des échantillons ?

b) Quelle est la valeur k correspondant au nombre d'échantillons ?

2. La première heure, le constat est le suivant (voir tableau A).

Tableau A : échantillon 1

C	C	C	C	C	C	N	C
C	C	C	C	C	C	C	C
C	N	C	C	C	C	C	C
C	C	C	N	C	C	C	C
N	C	C	C	C	C	C	C
C	C	N	C	N	C	C	C
C	C	C	C	C	C	C	C
C	N	C	C	C	C	C	N
C	C	C	N	C	C	C	C
N	C	C	C	C	C	C	C

C = certificat en règle ;
N = non conforme à la réglementation (absence de certificat ou date dépassée pour le certificat).

a) Dénombrer les véhicules qui sont en infraction parmi ceux contrôlés la première heure.

b) Calculer la fréquence f_1 des véhicules en infraction dans le 1er échantillon.

3. Durant les 5 heures, le constat est le suivant (voir tableau B).

Tableau B : 5 échantillons

1re heure	10 N	70 C
2e heure	12 N	68 C
3e heure	9 N	71 C
4e heure	6 N	74 C
5e heure	13 N	67 C

a) Calculer la fréquence f_2, f_3, f_4 et f_5, des 4 derniers échantillons.

b) Calculer la moyenne $\overline{f}$ de la série des 5 fréquences.

4. Comparer la valeur $\overline{f}$, obtenue en **3. b**, avec la fréquence de véhicules en infraction sur les 400 véhicules contrôlés durant les 5 heures.

Corrigé

1. a) La taille des échantillons est $n = 80$.

b) Il y a prise d'un échantillon par heure durant 5 heures, donc $k = 5$.

2. a) Il y a 10 véhicules en infraction parmi ceux contrôlés la première heure.

b) $f_1 = \frac{10}{80} = 0{,}125$ (soit 12,5 %).

3. a) $f_2 = \frac{12}{80} = 0{,}15$; $f_3 = \frac{9}{80} = 0{,}112\,5$; $f_4 = \frac{6}{80} = 0{,}075$; $f_5 = \frac{13}{80} = 0{,}162\,5$.

b) $\overline{f} = \frac{0{,}125 + 0{,}15 + 0{,}112\,5 + 0{,}075 + 0{,}162\,5}{5}$;

$\overline{f} = \frac{0{,}625}{5} = 0{,}125$.

4. Sur l'ensemble des 5 échantillons (400 véhicules) il y a $10 + 12 + 9 + 6 + 13 = 50$ véhicules en infraction.

$$f = \frac{50}{400} = 0{,}125.$$

On retrouve la même valeur que celle de la moyenne des fréquences. La moyenne des 5 fréquences des échantillons de taille $n = 80$ est identique à la fréquence de l'échantillon total de taille 400.

Coup de pouce

La fonction « random » de la calculatrice permet cette simulation : Ran(#) pour CASIO, Aleat (pour TEXAS.

2  On effectue à l'aide de calculatrices la simulation de lancers de dés. Les 24 élèves de la classe simulent 30 lancers de dé et notent le nombre de sorties du 6. Les résultats de la classe sont rassemblés dans le tableau ci-dessous.

4	5	8	6	5	1
9	6	2	3	7	5
2	10	5	4	6	5
8	4	6	7	3	5

1. a) Déterminer les valeurs extrêmes du tableau.

b) Calculer les fréquences extrêmes de sortie du 6 pour cette série de 24 échantillons (à 0,000 1 près), puis l'étendue de cette série de fréquences.

2. Calculer la fréquence de sortie du 6 sur l'échantillon global de taille 720 ($24 \times 30 = 720$). Cette fréquence est identique à la moyenne des fréquences des 24 échantillons de taille $n = 30$ (voir corrigé de l'exercice 1, question 4).

3. La moyenne de la distribution d'échantillonnage de la fréquence est proche de la probabilité de sortie du 6. Calculer l'écart entre ces deux valeurs dans l'échantillonnage observé à 0,0001 près.

3 Pour déterminer le « plus chanceux », un groupe de 6 copains décide de procéder au tirage au hasard d'une carte dans un jeu de 32 cartes. Chacun des 6 membres du groupe effectue 20 tirages avec remise. On dénombre les cartes de cœur tirées.
Les résultats sont donnés pour chacun des jeunes.

Lucas (1)

♥	♣	♥	♦
♦	♥	♠	♣
♣	♥	♣	♥
♥	♥	♠	♥
♦	♣	♥	♦

Samba (2)

♣	♦	♥	♣
♠	♣	♦	♥
♦	♠	♦	♠
♣	♠	♥	♦
♣	♣	♦	♠

Ahmed (3)

♠	♣	♥	♦
♦	♥	♣	♥
♦	♦	♥	♣
♥	♣	♦	♥
♣	♥	♥	♠

Joël (4)

♦	♠	♥	♣
♣	♦	♥	♦
♦	♥	♣	♥
♠	♠	♥	♦
♦	♥	♠	♣

Tony (5)

♥	♠	♦	♣
♦	♣	♥	♦
♠	♥	♠	♥
♥	♥	♣	♥
♣	♥	♠	♦

Rodney (6)

♣	♣	♥	♦
♦	♥	♦	♠
♦	♣	♣	♥
♠	♥	♥	♦
♠	♣	♦	♠

♥ : carte de cœur ♦ : carte de carreau
♣ : carte de trèfle ♠ : carte de pique

1. Calculer les fréquences $f_1, f_2, ..., f_6$, de sortie d'une carte de cœur pour chacun des 6 jeunes.

2. Calculer la moyenne des fréquences obtenues.

3. a) Quelle est d'après vous, parmi les valeurs 0,5,

0,25 ou $\frac{1}{6}$, la probabilité de tirer au hasard une carte de cœur ?

b) Qui est le « plus chanceux » dans son tirage ?

4. Comparer la moyenne des fréquences obtenues à la question **2.** à celle de la probabilité de la question **3. a.** Peut-on dire que le groupe est globalement « plutôt chanceux » ?

L'intervalle de fluctuation

QCM

Pour chaque question, une seule réponse est exacte. Indiquer laquelle.

1. Dire si la phrase « L'intervalle de fluctuation se "réduit" lorsque la taille des échantillons augmente » est :

a) vraie **b)** fausse **c)** pas toujours vraie

2. Si l'intervalle de fluctuation est [0,35 ; 0,45], la valeur de p est :

a) 0,35 **b)** 0,40 **c)** 0,10

Point méthode

Pour utiliser l'intervalle de fluctuation, il faut :

- connaître la taille n des k échantillons prélevés.
- Connaître la fréquence p de la population dans laquelle sont prélevés les k échantillons de taille identique n.
- Calculer, à l'aide de la calculatrice, les valeurs $p - \frac{1}{\sqrt{n}}$ et $p + \frac{1}{\sqrt{n}}$, bornes de l'intervalle.
- Déterminer le nombre de fréquences f_i qui sont telles que $p - \frac{1}{\sqrt{n}} \leqslant f_i \leqslant p + \frac{1}{\sqrt{n}}$.
- Calculer le pourcentage que représente le nombre de fréquences f_i, appartenant à $\left[p - \frac{1}{\sqrt{n}} ; p + \frac{1}{\sqrt{n}}\right]$ par rapport aux k échantillons prélevés.
- Vérifier qu'environ 95 % des fréquences obtenues appartiennent à l'intervalle de fluctuation.

4  À l'aide d'un tableur, on simule le tirage aléatoire d'un nombre entier compris entre 1 et 50 inclus. On observe la fréquence d'apparition d'un nombre multiple de 3. Pour cela, on constitue une série de 40 échantillons, de 100 nombres chacun, obtenus aléatoirement. Le tableau ci-dessous donne, parmi les 100 nombres tirés, le nombre de multiples de 3 sortis, pour les 40 échantillons.

25	34	24	26	23	26	44	28
22	26	32	25	27	41	33	30
29	30	21	34	40	32	38	29
40	35	36	41	33	31	42	38
32	38	31	32	35	25	31	39

1. Quelle est la valeur de n, taille des échantillons de cette simulation ?

2. a) Quels sont, dans l'ensemble $\mathbb{N}$ des nombres entiers, les nombres entiers multiples de 3 compris entre 1 et 50 ?

b) Calculer la fréquence p de multiples de 3 compris entre 1 et 50.

3. a) Calculer $p - \frac{1}{\sqrt{n}}$.

b) Calculer $p + \frac{1}{\sqrt{n}}$.

c) Quel est l'intervalle de fluctuation de cette expérience aléatoire ?

4. a) Calculer les 40 fréquences f_i de sortie de nombres multiples de 3 pour les 40 échantillons.

b) Combien de fréquences f_i appartiennent à l'intervalle de fluctuation ?

c) Calculer le pourcentage que représentent ces fréquences par rapport aux 40 échantillons observés.

Corrigé

1. La taille des échantillons est $n = 100$.

2. a) Les multiples de 3 sont : 3, 6, 9, 12, 15, 18, 21, 24, 27, 30, 33, 36, 39, 42, 45 et 48.

b) Il y a 16 multiples de 3 parmi les 50 nombres possibles.
La fréquence $p = \frac{16}{50} = 0,32$.

3. a) $p - \frac{1}{\sqrt{n}} = 0,32 - \frac{1}{\sqrt{100}} = 0,32 - \frac{1}{10} = 0,32 - 0,1 = 0,22$.

b) $p + \frac{1}{\sqrt{n}} = 0,32 + \frac{1}{\sqrt{100}} = 0,32 + \frac{1}{10} = 0,32 + 0,1 = 0,42$.

c) L'intervalle de fluctuation est [0,22 ; 0,42].

4. a) Les fréquences f_i de sorties de multiples de 3 sont données dans le tableau ci-dessous.

0,25	0,34	0,24	0,26	0,23	0,26	0,44	0,28
0,22	0,26	0,32	0,25	0,27	0,41	0,33	0,30
0,29	0,30	0,21	0,34	0,40	0,32	0,38	0,29
0,40	0,35	0,36	0,41	0,33	0,31	0,42	0,38
0,32	0,38	0,31	0,32	0,35	0,25	0,31	0,39

b) Il est plus simple de dénombrer les fréquences f_i qui n'appartiennent pas à [0,22 ; 0,42].
Il y en a deux : 0,44 et 0,21.
Il y a donc 40 – 2 = 38 fréquences qui appartiennent à l'intervalle de fluctuation.

c) $\frac{38}{40}$ = 0,95 soit 95 % des échantillons ont leur fréquence dans l'intervalle de fluctuation.

5 On effectue des prélèvements d'échantillon de tailles différentes. La fréquence dans la population du caractère observé est noté p. L'intervalle de fluctuation est l'intervalle $\left[p-\frac{1}{\sqrt{n}} ; p+\frac{1}{\sqrt{n}}\right]$; n = taille de l'échantillon.

1. Calculer l'intervalle de fluctuation si $p = 0,4$ et $n = 100$.

2. Calculer l'intervalle de fluctuation si $p = 0,4$ et $n = 10\,000$.

3. Calculer l'écart entre les 2 bornes de l'intervalle de fluctuation pour :

a) $n = 100$;

b) $n = 10\,000$.

4. Si la taille des échantillons prélevés est de 10 000, l'intervalle de fluctuation de cet échantillonnage peut être (une seule réponse correcte) :

a) [0,30 ; 0,70] ;

b) [0,499 ; 0,501] ;

c) [0,49 ; 0,51].

6 Un stock de pièces détachées contient 20 % de pièces présentant un léger défaut. Le stock est suffisamment grand pour que les échantillons de taille 100 puissent être considérés comme des tirages avec remise.
On prélève 30 échantillons. Chaque échantillon est de 100 pièces et le nombre de pièces présentant un défaut est donné dans le tableau ci-dessous pour les 30 échantillons.

21	15	20	18	24	17
18	30	22	31	12	19
20	19	8	29	21	25
22	27	19	20	16	18
10	20	24	26	17	23

1. Indiquer dans cet échantillonnage les valeurs de n et de p.

2. a) Calculer les bornes $p-\frac{1}{\sqrt{n}}$ et $p+\frac{1}{\sqrt{n}}$ de l'intervalle de fluctuation.

b) Calculer les nombres de pièces qui correspondent aux fréquences des bornes de l'intervalle de fluctuation.

3. a) En vous servant du résultat **2. b**, dire combien d'échantillons ont des fréquences de pièces défectueuses en dehors de l'intervalle de fluctuation.

b) Calculer le pourcentage d'échantillons dont la fréquence de pièces défectueuses appartient à l'intervalle de fluctuation (à 1 % près).

Les simulations

QCM

Pour chaque question, une seule réponse est exacte. Indiquer laquelle.

1. La fonction « random » (hasard en anglais) d'une calculatrice, notée (ran #) pour CASIO et Nbr Aleat pour Texas, permet d'obtenir :

a) un nombre compris entre – 1 et + 1

b) un nombre entier compris entre 0 et 10

c) un nombre compris entre 0 et 1

2. Parmi ces instructions, laquelle n'est pas utile à la donnée aléatoire d'un nombre lorsque l'on utilise un tableur (Excel, Calc) :

a) =SOMME(A1;A9)

b) =ALEA.ENTRE.BORNES(0;9)

c) =ALEA()

3. L'instruction =ENT(6*ALEA()+1) permet d'obtenir :

a) un nombre décimal entre 0 et 6 inclus

b) un nombre entier entre 1 et 6 inclus

c) un nombre décimal entre 0 et 1

Point méthode TIC

- Pour interpréter un grand nombre d'expériences aléatoires, il faut réaliser des simulations.
- Pour simuler ces expériences aléatoires, on utilise soit :
  – une calculatrice (graphique ou non graphique) ;
  – un ordinateur.
- Dans une expérience aléatoire, chaque événement correspond alors à l'affichage d'un chiffre ou d'un nombre, donné aléatoirement par la calculatrice ou l'ordinateur.
- Suivant les modèles de calculatrice les fonctions sont différentes pour obtenir une variable aléatoire.
  Pour les modèles non graphiques CASIO *fx*-92 2D+ et TI-30 XB, les séquences sont les suivantes.
  CASIO *fx*-92 2D+ : la touche ran # Ranint permet de générer un nombre aléatoire.
  TEXAS TI-30 XB : la touche [prb] donne accès à l'option [RAND] qui permet de générer un nombre aléatoire. On sélectionne [RAND] [enter].
- Pour les modèles graphiques CASIO Graph 25+ ou TEXAS TI 82 Stat. fr, se reporter aux rabats de couverture.
- Pour l'ordinateur, on utilise un logiciel tableur (Excel ou Calc). Pour la fonction aléatoire, voir « Avec l'ordinateur » pages 43 à 45.

7 **1. a)** À l'aide de la calculatrice, réaliser la simulation d'un tirage d'une boule rouge dans une urne de 10 boules contenant 3 rouges. Constituer un premier échantillon de taille 50.

b) Recommencer l'expérience.

c) Calculer les fréquences de sortie d'une boule rouge dans les 2 échantillons de taille 50.

2. Les fréquences obtenues pour chacun des deux échantillons sont-elles dans l'intervalle de fluctuation de l'échantillonnage ?

Corrigé

1. a) On attribue la sortie d'une boule rouge aux chiffres : 0, 1 et 2. Les autres chiffres 3, 4, 5, 6, 7, 8 et 9 sont les sorties de boules de couleur autre que rouge.
Avec la CASIO Graph 25+ :
[RUN] [EXE] [OPTN], taper [F4] (PROB), taper [F4] (Ran #), puis [EXE].
Noter le nombre et recommencer à appuyer 4 fois sur [EXE].

On obtient par exemple :
0.2412082244
0.5946235808
0.6273788732 (échantillon 1)
0.1728333227
0.2045734446

On ne garde que la partie décimale composée de 10 chiffres.
Chacun des chiffres correspond au résultat d'un tirage. Il y a donc simulation de 50 tirages aléatoires.
Dans l'échantillon 1, 15 chiffres correspondent à la sortie d'une boule rouge.

b) Avec la TEXAS TI 82 stat.fr :
[MATH] [◀] [PRB] [1:] Nbr Aleat [entrer] [entrer] [entrer] [entrer] [entrer].

.1712936073
.0357430564
.6324571876 (échantillon 2)
.4275548891
.2517980077

c) Dans l'échantillon 2, 14 chiffres correspondent à la sortie d'une boule rouge.
La fréquence de sortie d'une boule rouge dans l'échantillon 1 de taille $n = 50$ est $f_1 = \frac{15}{50} = 0{,}30$.
La fréquence de sortie d'une boule rouge dans l'échantillon 2 de taille $n = 50$ est $f_2 = \frac{14}{50} = 0{,}28$.

2. L'intervalle de fluctuation est $\left[p - \frac{1}{\sqrt{n}} ; p + \frac{1}{\sqrt{n}}\right]$; ici $p = 0{,}30$ et $n = 50$.

$p - \frac{1}{\sqrt{n}} = 0{,}30 - \frac{1}{\sqrt{50}} \approx 0{,}158\,6$; $p + \frac{1}{\sqrt{n}} = 0{,}30 + \frac{1}{\sqrt{50}} \approx 0{,}441\,4$.

Les deux fréquences f_1 et f_2 appartiennent à l'intervalle de fluctuation $[0{,}158\,6 ; 0{,}441\,4]$. Dans 5 % des expériences, on observera que les fréquences n'appartiennent pas à cet intervalle.

Coup de pouce

Lorsque l'on utilise la fonction « random » d'une calculatrice un grand nombre de fois, les dix chiffres 0, 1, 2, 3, 4, 5, 6, 7, 8, 9 apparaissent à peu près aussi souvent les uns que les autres.

8 On réalise la simulation d'un lancer d'une pièce à l'aide d'une calculatrice. On constitue un échantillon de taille $n = 100$ à l'aide de la fonction random.

1. La sortie « Pile » (P) correspond à un chiffre pair et la sortie « Face » (F) à un chiffre impair.

a) Le premier nombre affiché par la calculatrice est : 0.2826793454, qui correspond à la sortie PPPPFFFPFP des 10 premiers lancers (on écarte le 0 devant la virgule).
À quoi correspond le deuxième nombre affiché 0.8927029081 ?

2. Réaliser la simulation des 80 lancers restants en utilisant encore 8 fois la fonction random de la calculatrice et donner le nombre de sorties « Pile » dans l'échantillon de taille 100 ainsi obtenu.

3. a) Dans cette expérience aléatoire, quelles sont les valeurs de p et de n ?

b) Calculer les bornes de l'intervalle de fluctuation $\left[p - \frac{1}{\sqrt{n}} ; p + \frac{1}{\sqrt{n}}\right]$.

4. a) Calculer la fréquence f de sortie « Pile » dans l'échantillon que vous avez obtenu.

b) Cette fréquence appartient-elle à l'intervalle de fluctuation ?

c) Pensez-vous que tous les élèves de la classe ont obligatoirement la même réponse que vous à la question **4. b** ?

9 On réalise la simulation d'un tirage d'une carte de pique dans un jeu de 32 cartes. Le tirage est effectué au hasard et avec remise.

1. Calculer la probabilité p de sortie d'une carte de pique.

2. Pour simuler 30 tirages aléatoires, on utilise la fonction random de la calculatrice qui permet d'obtenir un nombre entier de l'intervalle [1 ; 4] (voir rabats de couverture).
On associe le nombre 1 à une carte de cœur, le nombre 2 à une carte de carreau, le nombre 3 à une carte de trèfle et le nombre 4 à une carte de pique.

a) On a obtenu après 30 simulations l'échantillon suivant.
1 2 3 2 1 4 2 3 3 1 4 3 1 2 3
4 2 2 1 4 2 2 3 2 2 4 2 3 1 1
Calculer la fréquence de sortie d'une carte de pique dans cet échantillon (à 0,01 près).

b) Indiquer les valeurs de n et p pour l'intervalle de fluctuation $\left[p - \frac{1}{\sqrt{n}} ; p + \frac{1}{\sqrt{n}}\right]$ de l'échantillon.

c) Calculer les bornes de l'intervalle de fluctuation à 0,01 près.

d) La fréquence observée appartient-elle à cet intervalle de fluctuation ?

3. Pour simuler un plus grand nombre de tirages on utilise la sortie aléatoire d'un nombre compris entre 0 et 1. On observe la partie décimale composée de 10 chiffres, après avoir écarté les chiffres 0 et 1.
On associe aux chiffres :
2 et 3 : une carte de cœur
4 et 5 : une carte de carreau
6 et 7 : une carte de trèfle
8 et 9 : une carte de pique

a) La calculatrice affiche :
• 5970387016.
Indiquer le nombre de tirages qui sont simulés.

b) Lors de ces 7 tirages, combien de cartes de pique ont-elles été tirées ?

c) On a utilisé 5 fois cette fonction de la calculatrice et on a obtenu l'échantillon suivant.
. 5970387016
. 8325756498
. 9237702653
. 2537219027
. 7167400813
Calculer la taille de l'échantillon obtenu (après avoir écarté les 0 et les 1), puis la fréquence de sortie d'une carte de pique pour cet échantillon.

d) On a constitué un échantillon de taille 200.
On observe que la fréquence de sortie de pique est de 0,29. La fréquence appartient-elle à l'intervalle de fluctuation d'échantillonnage ?

Problèmes

*, **, *** : niveau de difficulté du problème C : problème corrigé (voir solution page 134).

10 * Jouer avec le hasard

On simule, à l'aide d'un tableur, le tirage au hasard et avec remise d'un jeton parmi 4 jetons numérotés 1, 2, 3 et 4.
On veut constituer un échantillon de taille $n = 1\,000$.

1. Afficher à l'aide de la poignée de remplissage les 1 000 nombres aléatoires, compris entre 1 et 4 inclus, dans les cellules A1 à J100 (voir « Avec l'ordinateur », activité 1, page 41).

2. À l'aide de l'instruction NB.SI, afficher dans la cellule K1, le nombre de « 1 » obtenu parmi les 1 000 nombres sortis, puis dans la cellule K2, le nombre de « 2 », ..., dans K4 le nombre de « 4 » (voir « Avec l'ordinateur », Activité 1, page 43).

3. Dans les cellules L1, L2, L3, L4, afficher les valeurs respectives des fréquences de sortie des 4 nombres.

4. a) À l'aide de la touche F9, effectuer 10 fois la simulation.

b) Noter pour chacune des 10 simulations les fréquences de sorties de chacun des 4 nombres 1, 2, 3 et 4 (à 0,001 près).

5. Calculer les bornes de l'intervalle de fluctuation $\left[p-\frac{1}{\sqrt{n}}; p+\frac{1}{\sqrt{n}}\right]$ (à 0,001 près), $p = 0{,}25$ et $n = 1\,000$.

6. a) Est-il possible de trouver qu'une ou plusieurs fréquences obtenues au cours des 10 échantillons n'appartiennent pas à l'intervalle de fluctuation ?

b) Est-ce le cas pour la simulation que vous avez effectuée ?

c) Tous les élèves de la classe font-ils obligatoirement le même constat que vous pour la question **6. b** ?

11 *

À l'aide d'un tableur, on simule le tirage aléatoire d'un nombre compris entre 1 et 10. On observe la fréquence d'apparition d'un nombre pair. On constitue 50 échantillons de 200 nombres chacun, obtenus aléatoirement.
Le tableau ci-dessous donne, parmi les 200 nombres obtenus par simulation, le nombre de nombres pairs, pour les 50 échantillons.

90	101	103	100	104
84	106	100	86	115
102	100	103	111	99
99	101	96	109	107
96	98	110	105	104
88	91	102	117	97
112	96	98	107	91
89	106	99	114	99
101	85	95	90	100
92	99	104	98	105

1. a) Quels sont les nombres pairs compris entre 1 et 10 ?

b) Calculer la fréquence p de nombres pairs compris entre 1 et 10.

2. a) Quelle est la valeur de n, taille des 50 échantillons de cette simulation ?

b) Déterminer l'intervalle de fluctuation $\left[p-\frac{1}{\sqrt{n}}; p+\frac{1}{\sqrt{n}}\right]$. Les bornes seront arrondies à 0,001 près.

3. a) Calculer les fréquences de sorties d'un nombre pair pour chacun des 50 échantillons.

b) Calculer le pourcentage que représentent les fréquences de sorties d'un nombre pair appartenant à l'intervalle de fluctuation par rapport à l'ensemble des échantillons.

12 ** Jouer avec le hasard

Une boîte contient 20 jetons numérotés de 1 à 20. On simule à l'aide d'une calculatrice un tirage aléatoire d'un jeton. On observe la fréquence de sortie de nombres entiers multiples de 3.

1. Quelle fonction de la calculatrice doit-on utiliser ?

2. a) Quels sont les nombres entiers multiples de 3 compris entre 1 et 20 ?

b) Quelle est la probabilité de tirer le jeton numéro 6 dans la boîte ?

c) Quelle est la probabilité de tirer le jeton dont le numéro est un multiple de 3 ?

3. Les 18 élèves de la classe réalisent chacun une simulation de tirage d'un échantillon de taille $n = 80$. Le premier élève a obtenu la série aléatoire suivante.

.3386251663
.6588826561
.9022145121
.1122563479
.0868395979
.0527616552
.8397055606
.1534125334

La proportion de multiples de 3 parmi les nombres entiers compris entre 1 et 20 est de $\frac{6}{20} = 0,30$ soit 30 %.

On fait correspondre les chiffres 3, 6, 9 de la partie décimale aux tirages des jetons multiples de 3 ; ils sont dans la même proportion de 30 % : 3 chiffres sur 10 chiffres.

Calculer la fréquence de sortie de jetons numérotés multiple de 3 pour ce premier élève.

4. Pour les 18 élèves le nombre de jetons recherchés dans les échantillons de taille 80 est donné dans le tableau suivant.

24	22	30	26	27	21
20	25	26	21	30	16
18	34	29	23	27	20

a) Calculer les fréquences de sortie de jetons multiples de 3 pour chacun des 18 échantillons.

b) Déterminer la valeur de n et de p.

c) Calculer les bornes de l'intervalle de fluctuation $\left[p - \frac{1}{\sqrt{n}} ; p + \frac{1}{\sqrt{n}}\right]$. On arrondira la valeur des bornes à 0,0001 près.

5. a) Calculer le pourcentage des fréquences appartenant à cet intervalle parmi les 18 fréquences des échantillons (à 0,1 % près).

b) Le pourcentage correspond-il, à peu près, à ce que l'on observe le plus souvent ?

13 *** Contrôler la qualité

Dans la société de démarchage par téléphone COM'VOC, la direction a fixé un objectif : « 25 % des communications passées par les opérateurs doivent durer au moins deux minutes ».

Le chef de service, M. Marinello, veut contrôler « l'efficacité » de son équipe, constituée de 30 opérateurs téléphoniques. Il écoute, pour chacun d'eux, 100 communications prises au hasard. Il note les durées de conversation. Celles qui sont supérieures à deux minutes sont notées C (correctes).

Voici le tableau donnant les résultats de son contrôle.

15 C	10 C	20 C	8 C	16 C
5 C	26 C	14 C	6 C	9 C
11 C	15 C	12 C	17 C	21 C
14 C	13 C	19 C	23 C	9 C
7 C	19 C	18 C	12 C	10 C
6 C	14 C	21 C	3 C	14 C

1. a) Pour cet échantillonnage, donner la valeur de n et prendre $p = 0,25$.

b) Calculer l'intervalle $\left[p - \frac{1}{\sqrt{n}} ; p + \frac{1}{\sqrt{n}}\right]$.

c) Calculer le nombre de communications C correspondant à la borne inférieure de cet intervalle.

2. Combien de salariés de cette équipe n'ont pas des résultats compatibles avec l'intervalle calculé en **1. b** ? Quel pourcentage représentent-ils ?

3. Parmi ces phrases, lesquelles vous paraissent compatibles avec l'observation effectuée (plusieurs réponses possibles) :

a) L'équipe n'est pas du tout « performante ».

b) Les objectifs de la direction sont irréalistes.

c) Les objectifs sont trop difficiles à atteindre et l'équipe n'est pas « performante ».

d) L'objectif est atteint par l'équipe car elle est « performante ».

14 ** Gérer un stock

À la sortie d'un nouveau modèle, un constructeur automobile a prévu de vendre la version HDI dans des proportions de 60 %.

Au bout de quelques semaines, le service marketing constate que, sur un échantillon de 400 commandes prises au hasard parmi toutes les succursales, il y a eu 160 commandes de version HDI.

1. Calculer l'intervalle de fluctuation $\left[p-\frac{1}{\sqrt{n}}\,;p+\frac{1}{\sqrt{n}}\right]$ en prenant $p = 0{,}60$ et $n = 400$.

2. a) Calculer la fréquence de version HDI dans ce premier échantillon.

b) Cette fréquence appartient-elle à l'intervalle de fluctuation ?

3. Après l'observation de plusieurs autres échantillons de taille $n = 400$, on constate que les fréquences observées sont toutes inférieures à 0,55. Le service marketing doit-il proposer de réduire la proportion de version HDI dans les programmations de vente ?

15 ** Jouer avec le hasard

On simule à l'aide d'une calculatrice le lancer d'une pièce. On effectue une première simulation de 100 lancers pour obtenir un échantillon de taille 100. On obtient la série aléatoire suivante.

0.7089862047
0.235470778*
0.2731890167
0.2385580639
0.801292126*
0.0681847345
0.8169643233
0.9583274538
0.5812838649
0.5924107058

* Le dernier chiffre, non affiché, est un 0 qu'il faut dénombrer en tenant que tel. Par contre, on ne tient pas compte du 0 devant le point.

1. On prend comme convention : chiffre pair = côté Pile, chiffre impair = côté Face. Calculer la fréquence f_1 de sortie de Pile dans ce premier échantillon.

2. Les dix premiers échantillons donnent les résultats suivants :
$f_1 = 0{,}54\,; f_2 = 0{,}48\,; f_3 = 0{,}45\,; f_4 = 0{,}51\,; f_5 = 0{,}56\,;$
$f_6 = 0{,}44\,; f_7 = 0{,}49\,; f_8 = 0{,}50\,; f_9 = 0{,}52\,; f_{10} = 0{,}48.$

a) Calculer la moyenne des fréquences des échantillons de taille 100, notée $\overline{f}_{100}$.

b) Calculer l'écart entre la probabilité de sortie de Pile ($p = 0{,}5$) et $\overline{f}_{100}$.

3. À l'aide d'un tableur on a effectué la simulation de 10 000 lancers. On a obtenu :
$f_1 = 0{,}505\,; f_2 = 0{,}498\,2\,; f_3 = 0{,}499\,2\,; f_4 = 0{,}508\,7\,;$
$f_5 = 0{,}500\,8\,; f_6 = 0{,}492\,; f_7 = 0{,}497\,3\,; f_8 = 0{,}504\,1\,;$
$f_9 = 0{,}496\,6\,; f_{10} = 0{,}502\,9.$

a) Calculer la moyenne $\overline{f}_{10\,000}$ fréquences des échantillons de taille $n = 10\,000$.

b) Calculer l'écart entre la probabilité p de sortie de Pile et $\overline{f}_{10\,000}$.

4. Si l'on réalisait des simulations avec des échantillons de taille $n = 1\,000\,000$, la fréquence moyenne de ces échantillons $\overline{f}_{1\,000\,000}$ serait-elle encore plus proche de la valeur de p ?

16 *** Contrôler la qualité

La société Filmo conditionne des produits agroalimentaires. L'emballage sous film plastique d'oranges est considéré comme satisfaisant si 80 % des fruits sont parfaitement conditionnés, les autres présentant de légers défauts.

1. Un technicien est chargé de régler la cadence de la chaîne de conditionnement. En bout de chaîne, il prélève, de façon aléatoire, un échantillon de 100 oranges. Il constate que 95 oranges sont parfaitement emballées. Peut-il envisager d'augmenter la cadence ?

2. Le technicien augmente la cadence et procède au bout de quelques minutes au prélèvement d'un nouvel échantillon de taille $n = 100$. Dans celui-ci 78 oranges sont parfaitement conditionnées. La fréquence de cet échantillon appartient-elle à l'intervalle de fluctuation $\left[p-\frac{1}{\sqrt{n}}\,;p+\frac{1}{\sqrt{n}}\right]$ avec $p = 0{,}80$ et $n = 100$?

3. À cause de retards de livraison, on demande au technicien d'accélérer la cadence de conditionnement, ce qu'il fait. Le troisième échantillon prélevé, de taille $n = 100$, contient 52 oranges correctement conditionnées.
Le technicien peut-il garder cette cadence sans prendre le risque de distribuer des produits de qualité inférieure à celle voulue par l'entreprise ?

17 *** Fourchette de sondage

Un distributeur de télévisions souhaite connaître la proportion de familles (à 1 % près) dont les téléviseurs ne sont pas équipés de tuner numérique, indispensable en 2011 à la réception TNT (Télévision numérique terrestre). Il fait appel aux services d'un institut de sondage.

1. Pour des raison de coût, l'institut réalise 2 sondages de taille assez faible : le premier $n_1 = 100$, le deuxième $n_2 = 200$.
On a obtenu pour le premier sondage $f_1 = 0,35$ et pour le deuxième sondage $f_2 = 0,40$.

a) Calculer, pour ces 2 échantillons, les intervalles $\left[f_i - \frac{1}{\sqrt{n_i}} ; f_i + \frac{1}{\sqrt{n_i}}\right]$ à 0,01 près. On prendra $n_1 = 100$; $f_1 = 0,35$; $n_2 = 200$; $f_2 = 0,40$.

Ces intervalles sont appelés « fourchettes de sondage ».

b) Existe-t-il des fréquences qui appartiennent à ces deux intervalles à la fois ?

2. Pour avoir une information plus précise, on effectue un sondage auprès de 10 000 familles. Le résultat obtenu est $f_3 = 0,35$, identique à celui du premier sondage.

a) Le distributeur a-t-il eu tort de dépenser plus d'argent pour réaliser un 3e sondage puisqu'il confirme le résultat du premier ?

b) Le 2e sondage est-il contradictoire avec les 2 autres ?

c) Le distributeur est-il certain que 35 % des familles n'ont pas de télévisions correctement équipées ?

d) La phrase « La probabilité que 35 % (à 1 % près) des familles soient concernées par l'achat d'un nouvel appareil en 2011 est de 0,95 » vous paraît-elle correcte ?

18 *** Comprendre l'information

Un confiseur vend des bonbons en « vrac ». Dans un bac il y a 35 % de bonbons « trop bon ! », les préférés des clients.
Le commerçant a observé, sur 50 clients, le nombre de bonbons « trop bon ! » que contenaient des paquets de 100 bonbons choisis par les clients eux-mêmes.
Le bac est suffisamment important pour que les échantillons soient assimilés à des tirages avec remise.

Nombre de « trop bon ! »	Nombre de clients
30	5
35	5
40	10
45	10
50	10
55	5
60	5
	50

1. À l'aide du mode statistique de la calculatrice, calculer le nombre moyen de bonbons « trop bon ! » contenus dans un paquet de 100 bonbons.

2. Dans cet échantillonnage donner les valeurs de n, taille des échantillons et de p, proportion de « trop bon ! » dans le bac.

3. Calculer les bornes de l'intervalle de fluctuation $\left[p - \frac{1}{\sqrt{n}} ; p + \frac{1}{\sqrt{n}}\right]$.

4. a) Combien de paquets de bonbons ont une proportion de bonbons « trop bon ! » supérieure à 45 % ?

b) Quel pourcentage de paquets ont une proportion de bonbons « trop bon ! » en dehors de l'intervalle ?

5. a) Les paquets de bonbons choisis par les clients sont-ils des échantillons vraiment aléatoires ?

b) À votre avis, les clients trient-ils ou non les bonbons dans le bac au moment de se servir ?

avec l'ordinateur

Activité 1 Visualiser l'échantillonnage d'une fréquence à l'aide d'un tableur

Le tableur peut fournir au hasard des nombres entiers compris entre deux bornes en utilisant la fonction « =ALEA.ENTRE.BORNES(0;9) ».

Pour simuler le tirage d'une boule dans une urne contenant 30 % de boules rouges (c'est-à-dire 3 boules rouges sur 10 boules), on convient que les entiers 0, 1, 2 représentent une boule rouge et que les entiers 3, 4, 5, 6, 7, 8 et 9 représentent les autres boules.

1 Échantillon de taille $n = 10$

- Saisir dans la cellule A1 : =ALEA.ENTRE.BORNES(0;9), puis avec la poignée de remplissage, étendre la formule jusqu'à la cellule J1.

On a ainsi simulé 10 tirages d'une boule.

- Pour calculer le nombre de boules rouges, saisir dans la cellule M2 : =NB.SI(A1:J1;«<3»).

- Pour calculer la fréquence de sortie d'une boule rouge, saisir dans la cellule N2 : =M2/10.

Voici un exemple d'un échantillon de 10 tirages.

M2 ▾ fx =NB.SI(A1:J1;"<3")

	A	B	C	D	E	F	G	H	I	J	K	L	M	N
1	1	5	1	5	9	8	6	6	2	0			Effectifs	Fréquences
2												Rouges	4	0,4

Le tableau ci-dessus montre que sur 10 tirages, on a obtenu 4 boules rouges.

2 Échantillon de taille $n = 100$

On veut simuler 100 tirages d'une boule.

- Remplir le tableau précédent de A1 à J10.

- Modifier la formule dans la cellule M2 en indiquant J10 puis dans la cellule N2 en divisant par 100.

Voici un exemple d'un échantillon de 100 tirages où la fréquence obtenue est 0,29.

M2 ▾ fx =NB.SI(A1:J10;"<3")

	A	B	C	D	E	F	G	H	I	J	K	L	M	N
1	2	7	4	5	8	6	4	2	9	3			Effectifs	Fréquences
2	6	0	2	9	3	7	2	7	7	4		Rouges	29	0,29
3	5	6	2	6	9	6	3	8	9	4				
4	9	7	4	0	8	8	5	0	6	8				
5	2	7	5	2	9	7	0	8	3	3				
6	6	5	6	7	0	6	1	2	3	8				
7	1	1	0	7	7	2	2	7	9	1				
8	7	6	5	6	2	0	3	8	1	2				
9	4	3	5	9	4	4	2	8	4	0				
10	4	1	5	6	8	2	8	6	9	0				

→ **Quelle est la fréquence obtenue pour votre échantillon de 100 tirages ?**

→ **Recommencer cette simulation 4 autres fois et noter à chaque fois la fréquence obtenue. Calculer $\overline{f_{100}}$, la moyenne des 5 fréquences (à 0,01 près).**

Exemple de valeurs obtenues :

Fréquences obtenues n=100					$\overline{f_{100}}$
0,29	0,24	0,23	0,31	0,35	0,28

→ **La probabilité d'avoir une boule rouge est $p = 0,3$. Calculer l'écart entre p et $\overline{f_{100}}$.**

3 Échantillons de taille $100 \leqslant n \leqslant 2\,000$

- On réalise de nouvelles simulations. Faire varier la taille n des échantillons :

$n = 100$ (de A1 à J10) ;

$n = 200$ (de A1 à J20) ;

$n = 300$ (de A1 à J30) ;

$n = 400$ (de A1 à J40) ;

$n = 500$ (de A1 à J50) ;

$n = 600$ (de A1 à T30) ;

$n = 700$ (de A1 à T35) ;

$n = 800$ (de A1 à T40) ;
$n = 900$ (de A1 à T45) ;
$n = 1\,000$ (de A1 à T50) ;
$n = 1\,500$ (de A1 à T75) ;
$n = 2\,000$ (de A1 à T100).

• Calculer la moyenne des fréquences des 5 échantillons de même taille.

• Pour chaque valeur de n, noter les moyennes des fréquences obtenues :
$\overline{f_{200}}, \overline{f_{300}}, \overline{f_{400}}, \overline{f_{500}}, \overline{f_{600}}, \overline{f_{700}}, \overline{f_{800}}, \overline{f_{900}}, \overline{f_{1\,000}}, \overline{f_{1\,500}}, \overline{f_{2\,000}}$.

• Six élèves ont effectué chacun une simulation complète. Le groupe a obtenu les résultats ci-dessous.

Taille n	Simulation 1	Simulation 2	Simulation 3	Simulation 4	Simulation 5	Simulation 6
100	0,26	0,34	0,32	0,28	0,29	0,31
200	0,33	0,27	0,3	0,31	0,315	0,295
300	0,28	0,31	0,305	0,32	0,278	0,325
400	0,322	0,29	0,28	0,305	0,282	0,3
500	0,295	0,31	0,286	0,295	0,32	0,28
600	0,29	0,315	0,285	0,302	0,3	0,32
700	0,295	0,299	0,308	0,31	0,289	0,315
800	0,305	0,289	0,315	0,312	0,298	0,302
900	0,302	0,299	0,297	0,302	0,311	0,286
1000	0,286	0,301	0,314	0,299	0,312	0,303
1500	0,291	0,306	0,304	0,289	0,298	0,309
2000	0,295	0,303	0,301	0,302	0,298	0,299

→ Calculer la valeur moyenne des 6 fréquences $\overline{f_{2\,000}}$ puis l'écart entre cette valeur et la valeur de p (à 0,000 1 près).

4 Représentation graphique

• Le groupe a réalisé, à l'aide d'un tableur, le graphique suivant.

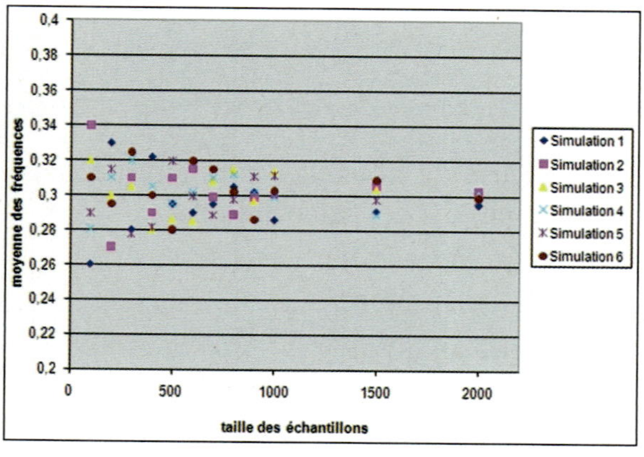

• En utilisant les résultats que vous avez obtenu et les résultats des élèves de votre groupe, réaliser une représentation graphique du même type.

→ Peut-on dire que la moyenne des fréquences des échantillons se rapproche de p lorsque la taille n des échantillons augmente ?

Activité 2 Utiliser l'intervalle de fluctuation à l'aide d'un tableur

Le tableur peut fournir au hasard les nombres entiers 0 et 1 en utilisant la fonction « =ALEA.ENTRE.BORNES(0;1) ».

On peut donc simuler des lancers d'une pièce, si on convient que 0 représente « face » et 1 représente « pile ».

1 Échantillons de taille n = 100

• Saisir dans la cellule A1 :

=ALEA.ENTRE.BORNES(0;1) puis avec la poignée de remplissage étendre la formule jusqu'à la cellule J10.
On a ainsi simulé 100 lancers d'une pièce. L'échantillon est de taille n = 100.
Voici un exemple d'un échantillon de 100 lancers.

A1 | fx =ALEA.ENTRE.BORNES(0;1)

	A	B	C	D	E	F	G	H	I	J	K
1	1	0	1	0	1	0	0	1	0	0	
2	1	1	1	1	0	0	1	1	1	1	
3	1	0	0	0	1	1	0	0	1	1	
4	0	0	0	0	0	0	0	0	1	1	
5	1	0	1	1	1	0	1	1	0	1	
6	1	1	0	0	1	0	1	1	0	1	
7	0	1	1	1	1	0	1	1	0	0	
8	0	0	1	1	1	1	1	0	0	1	
9	0	0	1	1	1	1	0	1	1	1	
10	0	1	0	0	0	1	1	1	1	0	

• Pour calculer le nombre de sortie « pile », saisir dans la cellule M2 :

=NB.SI(A1:J10;«=1»).

Le nombre de « 1 » c'est à dire de « pile » s'affiche.

fx =NB.SI(A1:J10;"=1")

F	G	H	I	J	K	L	M	N
0	0	1	0	0			Effectifs	Fréquences
0	1	1	1	1		Pile 1	56	0,56
1	0	0	1	1				

→ Quel est le nombre de sortie « pile » que vous obtenez ?
– En déduire la fréquence f de sortie « pile ».

→ Donner la taille n des échantillons. Donner la valeur p probabilité de sortie de « pile ».
– Calculer les bornes de l'intervalle de fluctuation $\left[p - \frac{1}{\sqrt{n}} ; p + \frac{1}{\sqrt{n}}\right]$.
– La fréquence f appartient-elle à l'intervalle [0,40 ; 0,60] ?

• Après 40 simulations de 100 lancers, on a noté les résultats des sorties « pile » dans le tableau suivant.

Résultats des simulations n=100									
51	42	47	57	50	45	57	47	51	55
55	57	55	57	56	53	47	49	59	50
50	54	41	46	40	51	52	55	48	62
59	48	48	43	48	46	51	53	51	56

• Procéder encore 10 fois à la simulation précédente. Recopier et compléter le tableau précédent avec les 10 nouvelles valeurs obtenues.

On a ainsi les résultats de 50 échantillons de taille $n = 100$.

→ Calculer le nombre d'échantillons parmi les 50 réalisés dont la fréquence de sorties « pile » appartient à l'intervalle [0,40 ; 0,50]. En déduire le pourcentage qu'il représente.

2 Échantillons de taille $n = 400$

• On recommence l'expérience avec un échantillon $n = 400$.

Pour cela, remplir un tableau de 20 lignes sur 20 colonnes : de A1 à T20. Réduire la largeur des colonnes pour une travail plus confortable.

• Dans la cellule V2 entrer la formule : =NB.SI(A1:T20;«=1»).

• Dans la cellule W2 entrer la formule : =V2/400.

V	W
Effectifs	Fréquences
203	0,51

→ Quel est le nombre de sorties « pile » que vous obtenez ?
– Quelle est la fréquence f de sorties « pile » (à 0,01 près) ?
– La valeur de p est-elle modifiée par rapport aux échantillons de taille $n = 100$?

→ Calculer les bornes de l'intervalle de fluctuation $\left[p - \frac{1}{\sqrt{n}} ; p + \frac{1}{\sqrt{n}}\right]$. Vérifier si la fréquence f appartient à l'intervalle [0,45 ; 0,55].

• On effectue 45 simulations d'échantillons de 400 lancers et on note les résultats des fréquences obtenues dans le tableau suivant.

Résultats des simulations n=400									
0,51	0,44	0,51	0,5	0,48	0,49	0,54	0,5	0,46	0,52
0,45	0,51	0,53	0,48	0,5	0,47	0,52	0,47	0,49	0,5
0,5	0,45	0,49	0,48	0,5	0,52	0,54	0,5	0,53	0,54
0,48	0,51	0,53	0,53	0,52	0,51	0,51	0,53	0,54	0,52
0,43	0,51	0,52	0,5	0,49					

• Recopier ce tableau et le compléter avec 5 nouvelles simulations.
On a ainsi les résultats de 50 échantillons de taille $n = 400$.

→ Calculer le nombre d'échantillons de taille $n = 400$ dont la fréquence de sorties « pile » n'appartient pas à l'intervalle [0,45 ; 0,55].
– En déduire le nombre d'échantillons dont la fréquence appartient à cet intervalle de fluctuation.
– Calculer le pourcentage d'échantillons qu'il représente.

→ Peut-on affirmer que le rétrécissement de l'intervalle de fluctuation lorsque n augmente traduit que la moyenne des fréquences se rapproche de la valeur $p = 0,5$?

Préparation à l'évaluation

La certification d'un niveau V (**BEP, CAP**) au cours de la scolarité en Baccalauréat Professionnel comporte deux épreuves de mathématiques, en contrôle en cours de formation (CCF) ou en épreuve ponctuelle.
Le référentiel de mathématiques correspondant au CAP est disponible sur le site du Ministère de l'Éducation (http://www.education.gouv.fr).

1. Statistique et notion de probabilité

1.1 Statistique à une variable

Capacités	Exercices et problèmes
Organiser des données statistiques en choisissant un mode de représentation graphique adapté à l'aide des fonctions statistiques d'une calculatrice ou d'un tableur.	**Chapitre 1** 3, 11, 13, 16, 27
Extraire des informations d'une représentation d'une série statistique.	**Chapitre 1** 2, 10
Déterminer la moyenne $\overline{x}$, la médiane *Me* d'une série statistique à l'aide des fonctions statistiques d'une calculatrice et d'un tableur. Comparer ces indicateurs pour une série statistique donnée. Interpréter les résultats obtenus.	**Chapitre 1** 5, 6, 12, 17, 21, 23, 26, 28, 30
Calculer l'étendue *e* d'une série statistique.	**Chapitre 1** 15, 21, 22, 27
Comparer deux séries statistiques à l'aide de moyenne ou médiane et étendue.	24
Calculer le premier et le troisième quartile d'une série statistique.	7, 8, 9, 22, 23
Comparer deux séries statistiques à l'aide de moyenne ou médiane et quartiles.	19, 20, 25

1.2 Fluctuations d'une fréquence selon les échantillons, notion de probabilité

Capacités	Exercices et problèmes
Expérimenter à l'aide d'une simulation informatique prête à l'emploi, la prise d'échantillons aléatoires de taille *n* fixée, extraits d'une population où la fréquence *p* relative à un caractère est connue.	**Chapitre 2** 10, 11, 15
Déterminer l'étendue des fréquences de la série d'échantillons de taille *n*.	**Chapitre 2** 2
Calculer le pourcentage des échantillons de taille *n* simulés, pour lesquels la fréquence relative au caractère étudié appartient à l'intervalle $\left[p - \frac{1}{\sqrt{n}}; p + \frac{1}{\sqrt{n}}\right]$. Comparer le pourcentage obtenu avec 95 %. Exercer un regard critique sur la situation étudiée.	**Chapitre 2** 4, 6, 11, 12
Évaluer la probabilité d'un événement à partir des fréquences. Faire preuve d'esprit critique, face à une situation aléatoire.	**Chapitre 2** 3, 6, 13, 14, 16 à 18

(voir aussi le manuel de 2e *Bac Pro, page 158).*

➥ Exercice 1 *(5 points)*

Une enquête auprès de 80 élèves concernant leur préférence en matière de cinéma a donné les résultats ci-dessous.

Type de films	Nombre d'élèves	Fréquence
Action	28	0,35
Policier		
Comédie		0,10
Gore	12	
Science-fiction	18	
	80	1

Première partie

1. Donner la nature du caractère statistique de la série étudiée. *(0,5 point)*

2. Calculer le nombre d'élèves ayant choisi « Comédie ». *(0,5 point)*

3. Compléter le tableau statistique. *(0,5 point)*

4. a) Donner le mode de la série statistique. *(0,5 point)*

b) Est-il possible de calculer la moyenne de cette série statistique ? *(0,5 point)*

Deuxième partie

1. Quelle représentation graphique est la mieux adaptée à cette série statistique parmi les 3 suivantes ? *(0,5 point)*

a) diagramme en bâtons **b)** histogramme **c)** diagramme en secteurs

2. Donner le nom du logiciel que vous utiliserez pour représenter graphiquement la série statistique. *(0,5 point)*

3. À l'aide du logiciel, entrer les données statistiques de la série dans l'ordinateur. Réaliser une représentation graphique, puis faire une impression à joindre à la feuille d'évaluation. *(1,5 point)*

➥ Exercice 2 *(6 points)*

Un enseignant de mathématiques compare les notes obtenues par ses élèves lors du CCF en 2010 et 2011.

Note	3	5	7	8	9	10	11	13	15	16	18	20	
Effectif	1	2	1	3	2	2	3	4	2	1	2	1	24

Première partie

Les notes obtenues en 2010 sont données dans le tableau ci-dessus.

1. Donner la nature du caractère statistique étudié. *(0,5 point)*

2. Calculer l'étendue de cette série statistique. *(0,5 point)*

3. a) Indiquer la valeur de la médiane de cette série statistique. *(1 point)*

b) Rédiger une phrase expliquant ce que représente la médiane pour cette série statistique. *(0,5 point)*

Deuxième partie

1. Entrer les données de la série 2010 dans la calculatrice. *(0,5 point)*

2. Donner la valeur de la moyenne à 0,01 près. *(1 point)*

3. Donner les valeurs du premier quartile Q_1 et du troisième quartile Q_3. *(0,5 point)*

4. Lequel de ces 3 indicateurs statistiques, étendue, médiane, moyenne n'est pas un indicateur de tendance centrale ? *(0,5 point)*

5. a) En 2011, la moyenne des notes obtenues est de 11,5. L'étendue en 2011 est de 18 et les quartiles sont : $Q_1 = 7$, $Q_3 = 16$.
Comparer ces valeurs avec celles de 2010. En quelle année les notes obtenues ont la plus grande dispersion ? *(0,5 point)*

b) Justifier votre réponse en rédigeant une phrase. *(0,5 point)*

Exercice 3 *(5 points)*

Une urne contient 10 boules, dont certaines sont de couleur rouge. On cherche à déterminer le nombre de boules rouges, sans pouvoir vider totalement l'urne.

1. On a effectué 50 tirages, avec remise ; on a obtenu 38 boules rouges dans ce premier échantillon. Calculer la fréquence f_1 de sortie des boules rouges. *(0,5 point)*

2. Après le prélèvement de 20 échantillons de taille 50, on a les résultats suivants :
$f_1 = 0{,}76$; $f_2 = 0{,}60$; $f_3 = 0{,}70$; $f_4 = 0{,}68$; $f_5 = 0{,}76$; $f_6 = 0{,}78$; $f_7 = 0{,}72$; $f_8 = 0{,}62$; $f_9 = 0{,}70$; $f_{10} = 0{,}68$; $f_{11} = 0{,}60$; $f_{12} = 0{,}88$; $f_{13} = 0{,}84$; $f_{14} = 0{,}68$; $f_{15} = 0{,}72$; $f_{16} = 0{,}58$; $f_{17} = 0{,}76$; $f_{18} = 0{,}70$; $f_{19} = 0{,}74$; $f_{20} = 0{,}66$.

2. a) Calculer l'étendue des fréquences de la série de 20 échantillons de taille 50. *(0,5 point)*

b) Calculer la moyenne $\overline{f_{50}}$ des fréquences des 20 échantillons prélevés. *(0,5 point)*

c) S'il y a 7 boules rouges dans l'urne, quelle est la probabilité p de sortie d'une boule rouge ? *(0,5 point)*

d) De laquelle de ces 3 valeurs 0,6, 0,7 et 0,8 la moyenne $\overline{f_{50}}$ est-elle la plus proche ? *(0,5 point)*

3. a) Dans cet échantillonnage, quelle est la valeur de n ? *(0,5 point)*

b) On suppose que $p = 0{,}7$. Calculer les bornes de l'intervalle de fluctuation $\left[p - \frac{1}{\sqrt{n}} ; p + \frac{1}{\sqrt{n}}\right]$. *(1 point)*

4. a) Combien de fréquences d'échantillon, parmi les 20 échantillons prélevés, appartiennent à cet intervalle de fluctuation ? *(0,5 point)*

b) Parmi ces 3 possibilités, laquelle est, pour vous, la plus probable : il y a 6 boules rouges dans l'urne, il y a 7 boules rouges dans l'urne, il y a au minimum 8 boules rouges dans l'urne ? *(0,5 point)*

➥ Exercice 4 *(4 points)*

1. À l'aide de la calculatrice, on simule 30 lancers de pièce.

a) Indiquer la fonction ou la touche de la calculatrice que vous utilisez. *(0,5 point)*

b) Indiquer le nombre de sorties « Pile ». *(0,5 point)*

c) Calculer la fréquence de sorties « Pile » de votre échantillon de 30 lancers. *(0,5 point)*

2. L'intervalle de fluctuation est l'intervalle $\left[p - \frac{1}{\sqrt{n}} ; p + \frac{1}{\sqrt{n}}\right]$.

a) Indiquer la valeur de p et la valeur de n. *(0,5 point)*

b) Calculer les bornes $p - \frac{1}{\sqrt{n}}$ et $p + \frac{1}{\sqrt{n}}$ de l'intervalle de fluctuation à 0,01 près. *(1 point)*

c) La fréquence de sorties « Pile » de votre échantillon appartient-elle à l'intervalle de fluctuation ? *(0,5 point)*

d) Si vous recommencez plusieurs fois la simulation, la réponse à la question **3. c** sera-t-elle obligatoirement toujours la même ? *(0,5 point)*

➥ Exercice 5 *(4 points)*

On veut effectuer une série de 100 lancers de pièce (pièce équilibrée).

1. a) À chaque lancer, quelles sont les 2 éventualités possibles ? *(0,5 point)*

b) Donner la valeur de la probabilité de sortie « Face ». *(0,5 point)*

2. On qualifie des événements à partir des caractéristiques suivantes : certain, incertain, possible, impossible, peu probable. Compléter le tableau en indiquant si oui ou non chacune des caractéristiques convient à l'événement considéré.

	Certain	Incertain	Possible	Impossible	Peu probable
50 sorties « Face »		OUI	OUI	NON	NON
100 sorties « Face »	NON	OUI			

(1 point)

3. On effectue deux séries de 100 lancers et on dénombre les sorties « Face ».

a) Calculer les bornes de l'intervalle de fluctuation $\left[p - \frac{1}{\sqrt{n}} ; p + \frac{1}{\sqrt{n}}\right]$. On prendra $p = 0{,}5$. *(0,5 point)*

b) Calculer la fréquence f_1 pour l'événement 1 « 52 sorties "Face" », puis la fréquence f_2 pour l'événement 2 « 75 sorties "Face" ». *(0,5 point)*

c) Lequel de ces deux événements a une fréquence appartenant à l'intervalle de fluctuation ? *(0,5 point)*

d) Indiquer lequel des deux événements est le plus probable. *(0,5 point)*

Chapitre 3

Suites numériques

Investigation

Ces feuilles de papier de différents formats sont superposées. Quelles observations peut-on faire ?

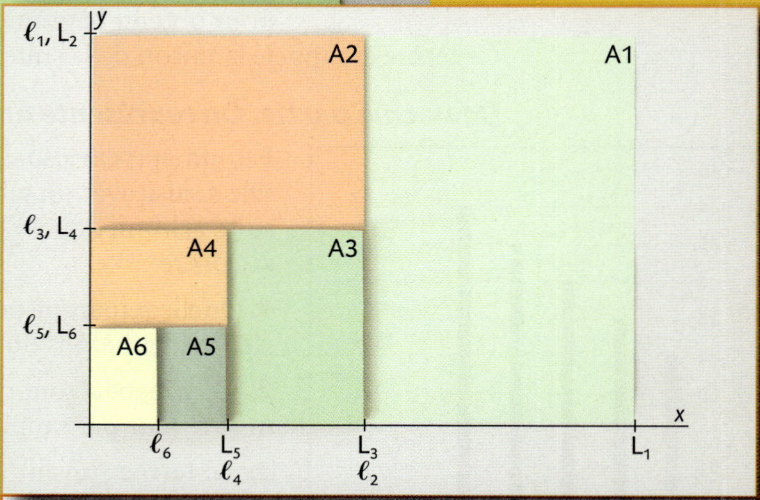

Feuilles de format A1 à A6
(L = longueur, ℓ = largeur)

À la découverte de...

Activité 1

Comment interpréter une suite numérique ?

	A
1	3
2	5
3	8
4	13
5	21
6	34

Une feuille de calculs d'un tableur est présentée ci-contre.
Dans la colonne A, on peut lire les différentes valeurs des termes d'une suite numérique.

1. Quelles valeurs a-t-on dans les cellules A1 ? A2 ? A5 ?

2. On dit que le premier terme de la suite est 3 ; on écrit $u_1 = 3$.

a) Quel est le deuxième terme u_2 de la suite ?

b) Quelle est la valeur de u_5 ?

3. (U_n) est une suite numérique dont les termes sont u_1, u_2, u_3, …, u_n. On remarque que $u_3 = u_1 + u_2$ et de même $u_4 = u_2 + u_3$.

a) **Vérifier** que $u_5 = u_3 + u_4$ et $u_6 = u_4 + u_5$.

b) En respectant cette propriété, **calculer** le 7e terme u_7 de cette suite, puis son 8e terme u_8.

Activité 2

Comment reconnaître une suite arithmétique ?

Première partie. On reconnaît une suite arithmétique

Fatoumata reprend l'entraînement de natation, une semaine avant les compétitions. Elle nage 2 km le premier jour et prévoit d'augmenter sa longueur de 0,5 km tous les jours.
On note u_1, u_2, u_3, …, u_7 le nombre de kilomètres parcourus lors du 1er, 2e, 3e, …, 7e jour d'entraînement.

1. Calculer u_2, u_3, u_4, u_5, u_6 et u_7.

2. Quel est le nombre que l'on ajoute à chaque terme pour obtenir le terme suivant ?

Ce terme est appelé la raison de la suite arithmétique et est noté r.

Deuxième partie. On représente une suite arithmétique

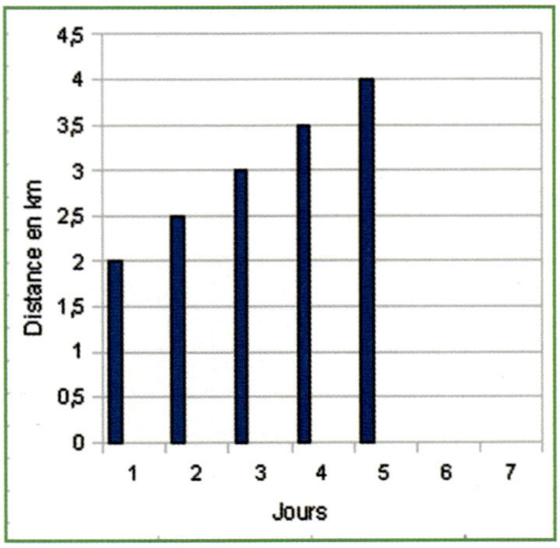

Fatoumata veut visualiser sa progression sur un graphique. Elle a saisi, avec un tableur, les cinq premiers termes de la suite arithmétique. Elle obtient le diagramme en bâtons ci-contre.

1. Quelle remarque peut-on faire sur les extrémités supérieures des bâtons du diagramme ?

2. Comment seront placées les extrémités des bâtons des 6e et 7e jour par rapport à celles déjà tracées ?

3. Le terme suivant u_n est noté u_{n+1}. Parmi ces quatre relations, quelle est celle qui correspond à la suite étudiée ?

a) $u_{n+1} = u_n + 2$ b) $u_{n+1} = 2 \times u_n$

c) $u_{n+1} = u_n + 0{,}5$ d) $u_{n+1} = 0{,}5 \times u_n$

Activité 3

Comment reconnaître une suite géométrique ?

Première partie. On reconnaît une suite géométrique

Un légende raconte qu'un jour un calife voulant récompenser son vizir lui proposa de satisfaire un vœu.

Celui-ci souhaita : « Quelques grains de blé sur cet échiquier ; un grain sur la première case, deux grains sur la deuxième, quatre sur la troisième, huit sur la quatrième et ainsi de suite en doublant à chaque fois le nombre de grains jusqu'à la 64ᵉ case. »

On note u_1, u_2, u_3, u_4, …, u_{64} le nombre de grains de blé de chaque case.

1. Recopier et compléter le tableau suivant.

u_1	u_2	u_3	u_4	u_5	u_6	u_7
1						

2. a) **Vérifier** que : $\frac{u_2}{u_1} = \frac{u_3}{u_2} = \frac{u_4}{u_3} = \frac{u_5}{u_4} = \frac{u_6}{u_5} = \frac{u_7}{u_6}$.

b) On note : $\frac{u_{n+1}}{u_n} = q$. **Donner** la valeur de q.

Ce nombre est appelé raison de la suite géométrique.

3. Le nombre de grains de blé de la 32ᵉ case est $u_{32} = 2\,147\,483\,648$, c'est-à-dire plus de 2 milliards !
Avec une calculatrice, **trouver** u_{31} et u_{33}.

4. Vérifier si la calculatrice peut afficher la valeur exacte de u_{38}.

> **Coup de pouce**
> Voir sur les rabats de couverture l'écriture d'un nombre avec une puissance de 10.

Deuxième partie. On représente une suite géométrique

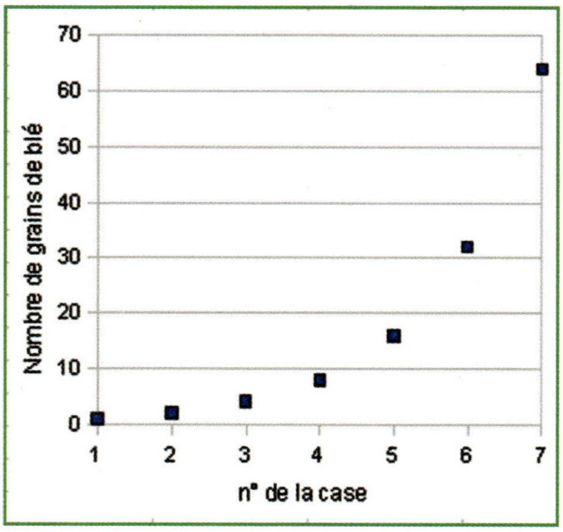

On a représenté les premiers termes de la suite géométrique dans le repère ci-contre.

1. Les points obtenus sont-ils alignés ?

2. Cette suite est-elle :

a) décroissante ?

b) croissante ?

c) constante ?

L'essentiel

1 Suites numériques

Une suite numérique est une suite de nombres dont les termes sont notés : $u_1, u_2, u_3, \ldots, u_n$.
u_1 est le premier terme de la suite. On lit « u indice 1 », c'est le terme de rang 1.
u_n, lu « u indice n », est le terme de rang n.

2 Suites arithmétiques

• Une suite arithmétique est une suite de nombres telle que chacun de ses termes, autre que le premier, s'obtient en ajoutant au terme précédent, un même nombre appelé raison.

$$u_{n+1} = u_n + r \text{ et } r \text{ raison de la suite.}$$

• Les termes d'une suite arithmétique sont représentés par **des points alignés.**
Si $r > 0$ la suite est **croissante.**
Si $r < 0$ la suite est **décroissante.**

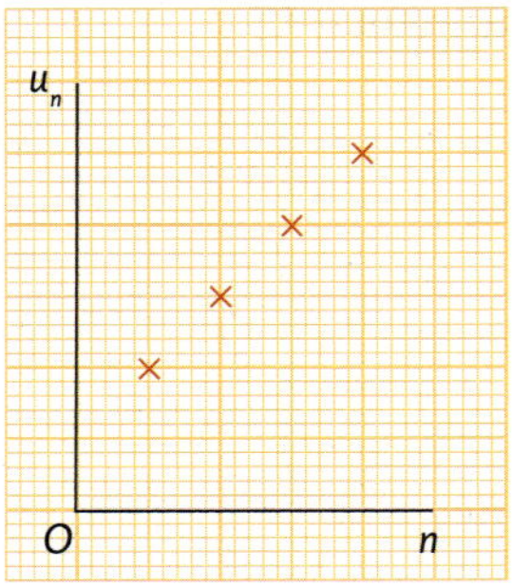

$r > 0$

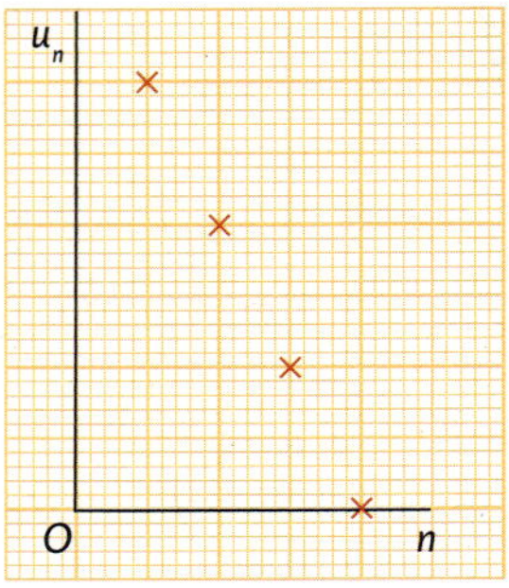

$r < 0$

3 Suites géométriques

• Une suite géométrique est une suite de nombres telle que chacun de ses termes, autre que le premier, s'obtient en multipliant le terme précédent par un même nombre appelé raison.

$$u_{n+1} = u_n \times q \text{ et } q \text{ raison de la suite.}$$

• Les termes d'une suite géométrique sont représentés par des points qui appartiennent à une **courbe exponentielle***.
Si $q > 1$ la suite est **croissante.**
Si $0 < q < 1$ la suite est **décroissante.**

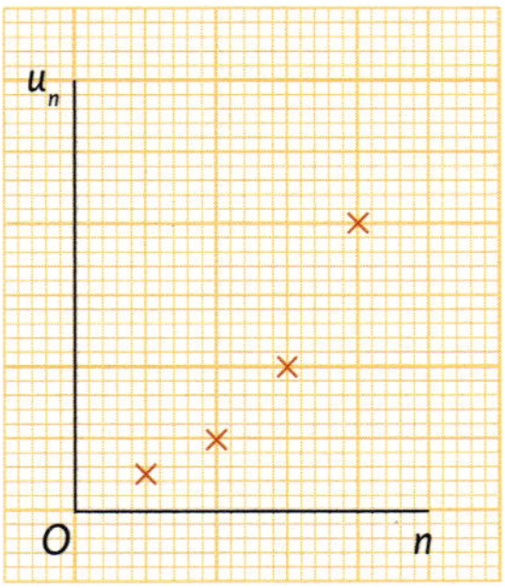

$q > 1$

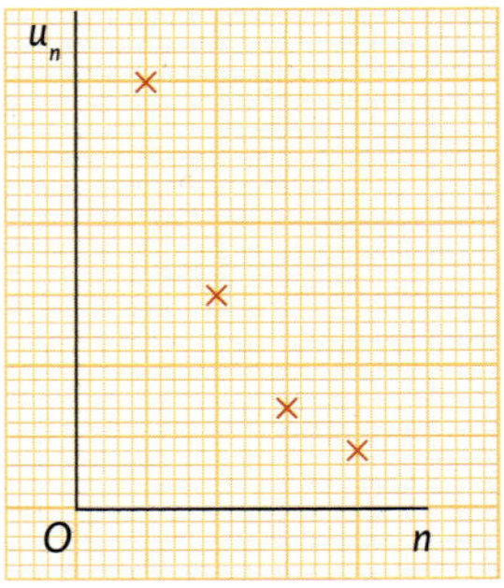

$0 < q < 1$

* Le terme exponentielle a la même origine que le terme exposant. La fonction exponentielle sera étudiée en Terminale.

Exercices et Problèmes

Exercices

➥ Suites numériques

QCM

Pour chaque question, une seule réponse est exacte. Indiquer laquelle.

Les nombres : 2 ; 5 ; 11 ; 23 sont dans cet ordre, les quatre premiers termes d'une suite numérique.

1. La suite est telle que :

a) $u_1 = 2$ **b)** $u_2 = 11$ **c)** $u_3 = 23$

2. Le terme de rang 3 est :

a) 5 **b)** 11 **c)** 23

1 On considère la suite des cinq nombres suivants :
0 ; 1 ; 3 ; 6 ; 10.

1. Donner la valeur de u_1, u_3, et u_5.

2. Donner le terme de rang 4.

Corrigé

1. $u_1 = 0$; $u_3 = 3$; $u_5 = 12$.
2. Le terme de rang 4 est $u_4 = 6$.

2 Voici, dans l'ordre, les termes d'une suite numérique : 3 ; 5 ; 9 ; 17 ; 33 ; 65.

1. Donner la valeur du 2e terme et du cinquième terme.

2. Donner le terme de rang 3.

3. Quel est le rang de 17 ?

3 Prolonger, de façon logique, chaque suite numérique en donnant les 3 termes suivants :

a) 1 ; 3 ; 5 ; 7 ;
b) 1 ; 2 ; 4 ; 7 ;
c) 15 ; 13 ; 12 ; 10.

4 Prolonger, de façon logique, chaque suite numérique en donnant les 3 termes suivants :

a) 1 600 ; 800 ; 400 ;
b) 18 ; 17 ; 15 ; 12 ;
c) 1 ; 2 ; 6 ; 24.

5 On considère la suite numérique (U_n) telle que $u_n = 2n + 1$. Calculer u_1, u_2, u_3 et u_4.

6 On considère la suite numérique (U_n) telle que $u_n = -3n + 2$. Calculer u_1, u_2, u_3 et u_4.

Point méthode TIC

Pour obtenir, à l'aide d'un tableur :

1. Une suite de nombres entiers consécutifs à partir de 1 par exemple, on suit les instructions ci-dessous.

- **Dans la cellule A1 : on entre** [1].
- **Dans la cellule A2 : on entre** [=A1+1].
- **On sélectionne la cellule A2. Le curseur prend la forme d'une croix (+) lorsqu'il est placé au coin inférieur droit de la cellule.**
- **Avec un clic gauche, on étend la formule vers le bas, à l'aide de la poignée de remplissage.**

2. Une suite de nombres à pas constant (0,5 par exemple) :

- **On entre deux nombres dans deux cellules consécutives d'une colonne (ou d'une ligne) ; par exemple, dans A1 :** [–2] **et dans A2 :** [–1,5].
- **On sélectionne les deux cellules en même temps.**
- **On les étend vers le bas (ou vers la droite) avec la poignée de remplissage.**

7 À l'aide d'un tableur, on veut générer la suite numérique (U_n) telle que $u_n = 1{,}5n + 0{,}5$.

1. Dans la colonne A, entrer les valeurs de n de 1 à 30.

2. Pour avoir tous les termes de la suite de u_1 à u_{30}, entrer dans la cellule B1 la formule [=1,5*A1+0,5] et l'étendre jusqu'à la cellule B30.

8 À l'aide d'un tableur, on veut générer la suite numérique (U_n) telle que $u_n = -2n + 3$.

1. Dans la colonne A, entrer les valeurs de n de 1 à 20.

2. Dans la cellule B1, entrer la formule `=-2*A1+3` et étendre la formule jusqu'à la cellule B20.

➥ Suites arithmétiques

Calcul de termes consécutifs

QCM

Pour chaque question, une seule réponse est exacte. Indiquer laquelle.

Les nombres : 3,5 ; 6,3 ; 9,1 ; 11,9 sont, dans cet ordre, les quatre premiers termes d'une suite arithmétique.

1. La suite est telle que :

a) $u_1 = 6{,}3$ **b)** $u_2 = 6{,}3$ **c)** $u_4 = 9{,}1$

2. Le terme de rang 3 est :

a) 6,3 **b)** 9,1 **c)** 11,9

3. La raison est :

a) 2,6 **b)** – 3,5 **c)** 2,8

Point méthode

Pour calculer les termes d'une suite arithmétique de premier terme u_1 et de raison r, on utilise la relation :

$$u_{n+1} = u_n + r.$$

9 Donner les quatre premiers termes de la suite arithmétique de premier terme $u_1 = 2{,}5$ et de raison $r = 3$.

Corrigé

$u_1 = 2{,}5$;
$u_2 = u_1 + r = 2{,}5 + 3 = 5{,}5$;
$u_3 = u_2 + r = 5{,}5 + 3 = 8{,}5$;
$u_4 = u_3 + r = 8{,}5 + 3 = 11{,}5$.

10 Donner les cinq premiers termes de la suite arithmétique de premier terme $u_1 = 4$ et de raison $r = 1{,}2$.

11 Donner les six premiers termes de la suite arithmétique de premier terme $u_1 = 6{,}9$ et de raison $r = -2$.

12 Une suite arithmétique est telle que $u_4 = -3$ et $r = 3{,}5$.
Calculer u_5, u_6 et u_7.

Reconnaître une suite arithmétique

Point méthode

Pour reconnaître si la suite de nombres u_1 ; u_2 ; u_3 ; u_4 est une suite arithmétique ou non, on calcule les différences $u_2 - u_1$; $u_3 - u_2$; $u_4 - u_3$:

– si ces différences sont égales au même nombre r, la suite u_1 ; u_2 ; u_3 ; u_4 est une suite arithmétique de raison r ;

– si ces différences ne sont pas égales, la suite n'est pas arithmétique.

13 On considère les suites A et B telles que :
Suite A : 6 ; 9 ; 12 ; 15.
Suite B : 3 ; 5 ; 8 ; 12.
Les suites A et B sont-elles des suites arithmétiques ?

Corrigé

Suite A :
$u_2 - u_1 = 9 - 6 = 3$;
$u_3 - u_2 = 12 - 9 = 3$;
$u_4 - u_3 = 15 - 12 = 3$;
donc $u_2 - u_1 = u_3 - u_2 = u_4 - u_3 = 3$.
Les nombres de la suite A sont les termes consécutifs d'une suite arithmétique de raison 3.

Suite B
$u_2 - u_1 = 5 - 3 = 2$;
$u_3 - u_2 = 8 - 5 = 3$;
donc $u_3 - u_2 \neq u_2 - u_4$. Les nombres de la suite B ne sont pas les termes consécutifs d'une suite arithmétique.

14 La suite des nombres suivants est-elle une suite arithmétique ?
3,1 ; 0,9 ; – 1,3 ; – 3,5.

15 La suite des nombres suivants est-elle une suite arithmétique ?
5 ; 7,6 ; 10,3 ; 12,9.

16 Les nombres – 3,5 ; – 1 ; 1,5 ; 4 sont les quatre premiers termes d'une suite numérique.

1. Montrer que cette suite est arithmétique et donner sa raison.

2. Calculer les trois termes suivants.

17 Les nombres 4,5 ; 1,3 ; – 1,9 ; – 5,1 sont les quatre premiers termes d'une suite numérique.

1. Montrer que cette suite est arithmétique et donner sa raison.

2. Calculer les trois termes suivants.

18 On considère la fonction affine f définie sur $\mathbb{R}$ par $f(x) = -0,4x + 5$.

1. Calculer les nombres :
$u_1 = f(1)$; $u_2 = f(2)$; $u_3 = f(3)$; $u_4 = f(4)$; $u_5 = f(5)$.

2. Montrer que ces nombres sont les termes d'une suite arithmétique dont on calculera la raison.

19 Les nombres 3 ; 4,8 ; 6,6 ; 8,4 ; 10 sont les cinq premiers termes d'une suite numérique.

1. Montrer que cette suite n'est pas une suite arithmétique.

2. Modifier la valeur d'un des termes pour que cette suite devienne une suite arithmétique et donner alors sa raison.

3. Avec la raison trouvée, calculer les trois termes suivants.

Représenter graphiquement une suite arithmétique

Point méthode

L'observation d'une représentation graphique des termes d'une suite numérique (points dans un repère ou diagramme en bâtons) permet de vérifier si la suite est arithmétique.

– Si les points ou les extrémités supérieures des bâtons sont alignés, la suite est arithmétique.

– S'ils ne le sont pas, ce n'est pas une suite arithmétique.

20 **1.** Parmi les représentations graphiques suivantes, quelle est celle d'une suite arithmétique ?

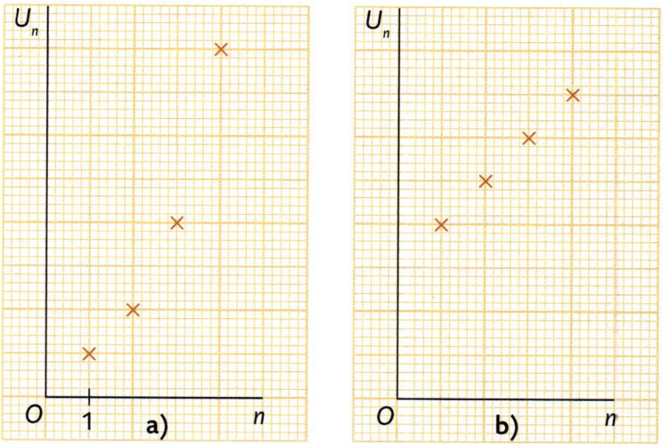

2. Parmi les diagrammes en bâtons suivants, quel est celui d'une suite arithmétique ?

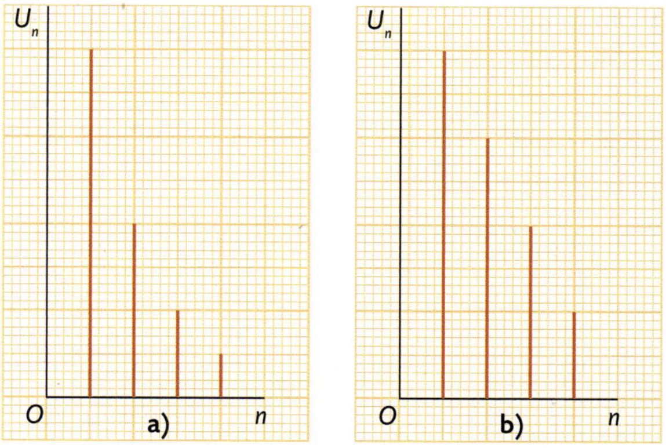

Corrigé

1. La représentation graphique **b)** est celle d'une suite arithmétique car les points sont alignés.
2. Le diagramme en bâtons **b)** est celui d'une suite arithmétique car les extrémités supérieures des bâtons sont alignées.

21 Soit la suite arithmétique (U_n) de premier terme $u_1 = 5$ et de raison 2,5 et la suite arithmétique (U'_n) de premier terme $u'_1 = 15$ et de raison $r' = -2,5$.

1. Calculer les quatre premiers termes de chaque suite.

2. Représenter la suite (U_n) par des points dans un repère adapté.

3. Représenter la suite (U'_n) par un diagramme en bâtons.

22 Représenter graphiquement par des points dans un repère adapté, les cinq premiers termes de la suite arithmétique telle que $u_1 = 20$ et $r = -5$.

23 Représenter graphiquement par un diagramme en bâtons, les six premiers termes de la suite arithmétique de premier terme 1 et de raison 1,5.

24 On considère la suite numérique telle que : $u_1 = 6$; $u_2 = 10$; $u_3 = 14$; $u_4 = 18$.

1. Montrer que cette suite est arithmétique et donner sa raison.

2. Représenter cette suite par un diagramme en bâtons.

25 On considère la suite numérique telle que : $u_1 = 7$; $u_2 = 4$; $u_3 = 1$; $u_4 = -2$.

1. Montrer que cette suite est une suite arithmétique et donner sa raison.

2. Représenter graphiquement cette suite dans un repère approprié.

26 On a représenté une suite arithmétique dans le repère ci-dessous.

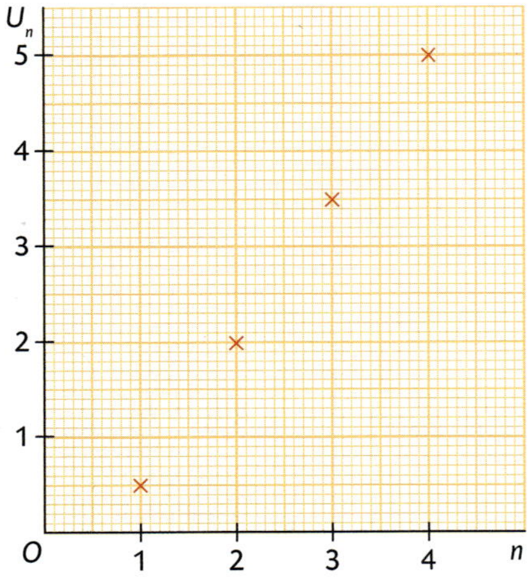

1. a) Quel est le sens de variation de cette suite ?

b) En déduire le signe de la raison de la suite.

2. Donner la valeur des quatre premiers termes de la suite et en déduire sa raison.

➡Suites géométriques

Calculs de termes consécutifs

QCM

Pour chaque question, une seule réponse est exacte. Indiquer laquelle.

Les nombres : 1,5 ; 4,5 ; 13,5 sont dans cet ordre, trois termes consécutifs d'une suite géométrique.

1. La raison est :

a) 4 b) 3 c) 9

2. Le terme de rang 4 est :

a) 54 b) 16,5 c) 40,5

Point méthode

Pour calculer les terme d'une suite géométrique de premier terme u_1 et de raison q, on utilise la relation :

$$u_{n+1} = u_n \times q.$$

27 Donner les quatre premiers termes de la suite géométrique de premier terme $u_1 = 3$ et de raison $q = 2$.

Corrigé

$u_1 = 3$

$u_2 = u_1 \times q = 3 \times 2 = 6$;

$u_3 = u_2 \times q = 6 \times 2 = 12$;

$u_4 = u_3 \times q = 12 \times 2 = 24$.

28 Donner les cinq premiers termes de la suite géométrique de premier terme $u_1 = 1$ et de raison $q = 1,5$.

29 On considère une suite géométrique de premier terme u_1 et de raison q. Dans chacun des cas suivants, calculer les cinq premiers termes de la suite.

a) $u_1 = 1$ et $q = 5$; b) $u_1 = 1$ et $q = 0,5$.

30 On considère une suite géométrique de premier terme u_1 et de raison q. Dans chacun des cas suivants, calculer les cinq premiers termes de la suite.

a) $u_1 = 1$ et $q = 10$; b) $u_1 = 1$ et $q = 0,1$.

Reconnaître une suite géométrique

Point méthode

Pour reconnaître si la suite de nombres u_1 ; u_2 ; u_3 ; u_4 est une suite géométrique ou non :

- **on calcule les quotients $\frac{u_2}{u_1}$; $\frac{u_3}{u_2}$; $\frac{u_4}{u_3}$.**
- **Si ces quotients sont tous égaux au même nombre q, la suite u_1 ; u_2 ; u_3 ; u_4 est une suite géométrique de raison q.**
- **Si deux de ces quotients sont différents, la suite n'est pas géométrique.**

31 La suite des nombres : 2 ; 1 ; 0,5 ; 0,25 est-elle une suite géométrique ?

Corrigé

$u_1 = 2 ; u_2 = 1 ; u_3 = 0{,}5 ; u_4 = 0{,}25 ; \frac{u_2}{u_4} ; = \frac{1}{2} = 0{,}5.$

$\frac{u_3}{u_2} = \frac{0{,}5}{1} = 0{,}5$ et $\frac{u_4}{u_3} = \frac{0{,}25}{0{,}5} = 0{,}5.$

Tous les quotients sont égaux à 0,5. La suite 2 ; 1 ; 0,5 ; 0,25 est une suite géométrique de raison 0,5.

32 La suite de nombres 4 ; 5 ; 8 ; 10 est-elle une suite géométrique ?

33 La suite de nombres 5 ; 1 ; 0,2 ; 0,04 est-elle une suite géométrique ?

34 Les nombres 3 ; 3,6 ; 4,32 ; 5,184 sont les quatre premiers termes d'une suite numérique.

1. Montrer que cette suite est géométrique et donner sa raison.

2. Calculer le cinquième terme de la suite.

35 Les nombres 10 ; 8 ; 6,4 sont les trois premiers termes d'une suite numérique.

1. Montrer que cette suite est géométrique et donner sa raison.

2. Calculer le quatrième terme de la suite.

Représenter graphiquement une suite géométrique

QCM

Pour chaque question, une seule réponse est exacte. Indiquer laquelle.

1. Parmi les représentations graphiques suivantes, quelle est celle d'une suite géométrique ?

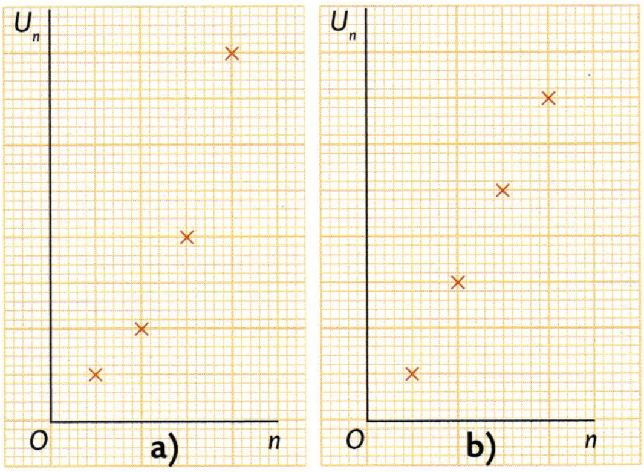

2. Parmi les diagrammes en bâtons suivants, quelle est celui d'une suite géométrique ?

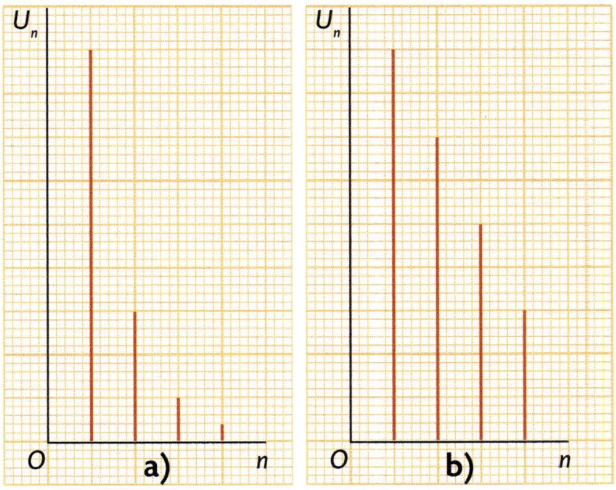

36 **1.** Représenter graphiquement les 4 premiers termes de la suite géométrique telle que $u_1 = 9{,}6$ et $q = 0{,}5$ par un diagramme en bâtons.

2. Représenter graphiquement les 4 premiers termes de la suite géométrique telle que $u'_1 = 0{,}5$ et $q = 2$, par des points dans un repère orthogonal.

Corrigé

1. $u_1 = 9{,}6 ;$
$u_2 = 4{,}8 ;$
$u_3 = 2{,}4 ;$
$u_4 = 1{,}2.$

2. $u'_1 = 0{,}5 ;$
$u'_2 = 1 ;$
$u'_3 = 2 ;$
$u'_4 = 4.$

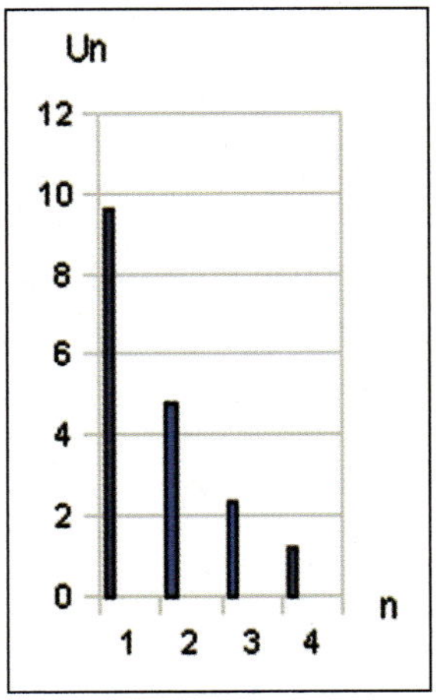

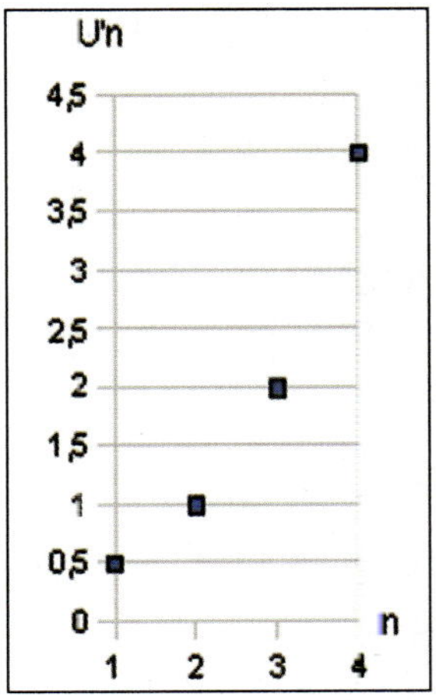

37 Représenter graphiquement par un diagramme en bâtons les quatre premiers termes de la suite géométrique telle que $u_1 = 2$ et $q = 1{,}5$.

38 Représenter graphiquement par des points dans un repère les quatre premiers termes de la suite géométrique telle que $u_1 = 10$ et $q = 0{,}8$.

39 On a représenté une suite dans le repère ci-contre.

1. Déterminer la valeur des quatre premiers termes u_1, u_2, u_3 et u_4 de cette suite.

2. Quel est le sens de variation de cette suite ?

3. Calculer les rapports $\frac{u_2}{u_1}$, $\frac{u_3}{u_2}$ et $\frac{u_4}{u_3}$.

4. En déduire la nature de la suite et sa raison.

Problèmes

*, **, *** : niveau de difficulté du problème ; C : problème corrigé (voir solution page 134).

40 * En 2010, une entreprise produit 24 000 unités dans l'année. Elle décide de baisser la production de 4 000 unités chaque année.

1. On note u_1 la production en 2010, u_2 la production en 2011, etc.
Calculer u_1, u_2, u_3 et u_4.

2. Montrer que u_1, u_2, u_3 et u_4 sont les termes d'une suite arithmétique et donner la raison de la suite.

3. Calculer le nombre d'unités produites entre 2010 inclus et 2013 inclus.

41 * Une entreprise décide d'acheter une machine automatisée. Les conditions de paiement sont les suivantes : les 4 remboursements mensuels notés u_1, u_2, u_3 et u_4 forment une suite géométrique de raison $q = 0{,}6$.

1. Si $u_2 = 1\,875$, calculer u_3 et u_1.

2. Le coût total est de 6 800 euros. En déduire u_4.

42 * La production mensuelle d'appareils électroménagers d'une entreprise constitue une suite arithmétique.
Le cinquième mois, la production atteint 16 650 appareils soit $u_5 = 16\,650$.
Le sixième mois, la production atteint 18 000 appareils soit $u_6 = 18\,000$.

1. Calculer la raison de la suite.

2. En déduire la production de l'entreprise le quatrième mois, le troisième mois puis le second et le premier mois.

3. Calculer la production totale lors de ces six mois.

43 ** En 2010, une société de services a réalisé 45 000 démarchages par téléphone. Pour les années suivantes, elle doit augmenter de 2 000 appels par an.
On note u_1 le nombre d'appels en 2010, u_2 le nombre d'appels en 2011, u_3 le nombre d'appels en 2012, ... u_n le nombre d'appels en $(2009 + n)$.

1. Calculer u_2, u_3 et u_4 les nombres d'appels téléphoniques.

2. Montrer que les termes u_1, u_2, u_3 et u_4 sont les termes d'une suite arithmétique dont on précisera la raison.

3. Calculer le nombre total d'appels passés entre 2010 inclus et 2013 inclus.

4. Représenter graphiquement le nombre de démarchages de cette société de services dans un repère orthogonal
Prendre : sur l'axe des abscisses 1 cm pour 1 an ;
sur l'axe des ordonnées 1 cm pour 1 000 appels.
Commencer à 44 000 appels.

44 ** Transmettre une information

Dans une petite ville, l'utilisation d'Internet est en pleine expansion. En 2009, il y a eu 900 000 accès au réseau Internet. Il y en a eu 1 035 000 l'année suivante. Un fournisseur d'accès à Internet souhaite prévoir le nombre de connexions dans les années à venir. Il suppose que le taux d'augmentation annuel est constant.

1. Quel est le pourcentage d'augmentation des connexions Internet entre 2009 et 2010 ?

2. Vérifier que le nombre de connexions attendu pour 2011 est 1 190 250.

3. On note $u_1 = 900\,000$; $u_2 = 1\,035\,000$; $u_3 = 1\,190\,250$. Les termes u_1, u_2, u_3 sont les termes d'une suite numérique.
Quelle est la nature et la raison de la suite ?

4. a) Recopier le tableau ci-dessous dans une feuille de calculs d'un tableur.

	A	B
1	Année	Nombre de connexions
2	2009	900000
3	2010	1035000
4	2011	1190250

b) Quelle formule faut-il saisir dans la cellule B3 pour la recopier ensuite ?

c) Écrire cette formule et la recopier jusqu'à la cellule B6 avec la poignée de remplissage.
Arrondir les résultats obtenus à l'unité.

5. Représenter cette suite par des points dans un repère en utilisant l'assistant graphique.

45 ** Comprendre les enjeux de l'évolution démographique

La population d'un nouveau quartier d'une ville augmente tous les ans de 20 %. En 2009, elle était de 400 habitants.

1. Recopier et compléter le tableau suivant.

Années	2009	2010	2011	2012
Nombre d'habitants				

2. Montrer que les nombres d'habitants sont les termes d'une suite dont on déterminera la nature et la raison.

3. Représenter graphiquement l'évolution de la population sur les 4 années par un diagramme en bâtons. Prendre 1 cm pour 100 habitants.

46 ** Transporter des personnes ou des marchandises

Une nouvelle ligne de tramway a été mise en service dans une grande ville en 2009. La régie municipale des transports veut évaluer l'évolution du nombre d'usagers de cette ligne. Elle recense donc le nombre de voyageurs par an. En 2009, ils étaient 1 400 000 ; en 2010, 1 484 000.

1. Quel est le pourcentage d'augmentation du nombre de voyageurs entre 2009 et 2010 ?

2. Calculer le nombre de voyageurs prévu en 2011 avec le même taux d'augmentation.

3. On note $u_1 = 1\,400\,000$; $u_2 = 1\,484\,000$; $u_3 = 1\,573\,040$. Les termes u_1, u_2 et u_3 sont les premiers termes d'une suite numérique.
Quelle est la nature de la suite ? Quelle est sa raison ?

4. La régie municipale des transports dresse le tableau suivant en supposant que le pourcentage d'augmentation du nombre de voyageurs reste constant sur 5 années.

	A	B
1	Année	Nombre de voyageurs
2	2009	1400000
3	2010	1484000
4	2011	1573040

a) On a saisi 1 400 000 dans la cellule B2. Quelle formule a été saisie dans la cellule B3 pour être étendue ensuite ?

b) Remplir le tableau jusqu'à l'année 2013.

c) En quelle année le nombre de voyageurs devrait-il dépasser 1 700 000 ?

5. Utiliser l'assistant graphique pour représenter cette suite par un diagramme en bâtons.

avec l'ordinateur

Activité 1 Générer expérimentalement des suites numériques et les comparer à l'aide d'un tableur

	A	B	C	D	E
1	Rang n	Suite (Vn)	Suite (Wn)	Suite (Un)	Suite (U'n)
2	1	3	3	2	2

• Construire le tableau ci-dessus à l'aide d'un tableur.

• Entrer dans la cellule A3 la formule =A2+1, puis avec la poignée de remplissage, étendre la formule jusqu'à la cellule A21.

• Entrer dans la cellule B3 la valeur 5, puis entrer dans la cellule B4 la formule =B2+B3. Avec la poignée de remplissage, étendre la formule jusqu'à la cellule B21.

• Entrer dans la cellule C3 la formule =C2+A2 puis avec la poignée de remplissage, étendre la formule jusqu'à la cellule C21.

→ Observer les suites (V_n) et (W_n).

– Ces suites sont-elles croissantes ou décroissantes ?
– Quelle est la valeur de V_9 et W_9 ?
– Donner les valeurs des 2 derniers termes.
– Quelle est la suite qui a la croissance la plus rapide ?

• Entrer dans la cellule D3 la formule =D2+3, puis avec la poignée de remplissage, étendre la formule jusqu'à la cellule D21.

• Entrer dans la cellule E3 la formule =E2 * 3, puis avec la poignée de remplissage, étendre la formule jusqu'à la cellule E21.

→ Observer les suites (U_n) et (U'_n).

– Quelle est la nature de la suite (U_n) ? Donner sa raison.
– Quelle est la nature de la suite (U'_n) ? Donner sa raison.
– Quelle est la suite qui croît le plus vite ?

Activité 2 Représenter graphiquement une suite arithmétique et une suite géométrique à l'aide d'un grapheur

On compare le placement à intérêts simples et à intérêts composés, d'un capital initial de 10 000 €. Les placements se font au taux annuel de 5 %.

1 Construction d'un tableau

	A	B	C	D	E
1	Années	Placement à intérêts simples	Placement à intérêts composés	Ecarts	Rapports
2					

• Recopier le tableau ci-dessus dans une feuille de calculs d'un tableur.

• Écrire dans la cellule A2 le nombre 1 puis dans la cellule A3 la formule =A2+1 et recopier la formule avec la poignée de remplissage jusqu'à la cellule A11.

• Écrire dans la cellule B2 la formule =10000+100000*0,05*A2 et recopier la formule avec la poignée de remplissage jusqu'à la cellule B11.

• Écrire dans la cellule C2 la formule =10000*1,05^A2 et recopier la formule avec la poignée de remplissage jusqu'à la cellule C11.

• Sélectionner les nombres décimaux de la colonne C et garder 2 décimales.

Le capital acquis au bout de la 1re année est 10 500 € pour chacun des placements.

→ Quel est le capital acquis au bout de la 10e année pour chacun des placements ?

→ Les valeurs B2 à B11 forment une suite (U_n). Cette suite est-elle décroissante ?

• Écrire dans la cellule D3 la formule =B3–B2 et recopier la formule jusqu'à la cellule D11.

→ Que peut-on en déduire sur la nature de la suite (U_n) ? Quelle est sa raison ?

→ Les valeurs C2 à C11 forment une suite (U'_n). Cette suite est-elle croissante ?

• Écrire dans la cellule E3 la formule =C3/C2 et recopier la formule jusqu'à la cellule E11.

→ Que peut-on en déduire sur la nature de la suite (U'_n) ? Quelle est sa raison ?

2 Construction d'un diagramme en bâtons

• Sélectionner la plage de B1 à C11 puis utiliser l'Assistant diagramme/Type de diagramme/Colonne comme ci-après.

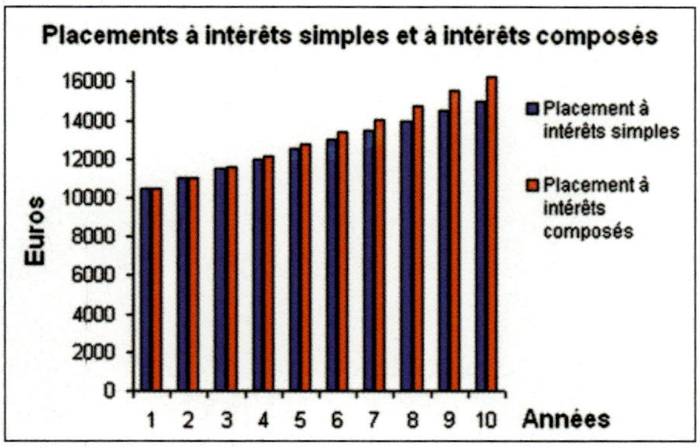

→ Que peut-on dire de l'écart entre les valeurs acquises à intérêts simples et à intérêts composés durant ces 10 années de placement ?

Activité 3 Étudier deux suites numériques croissantes à l'aide d'un grapheur

On étudie deux contrats d'embauche dans deux entreprises *A* et *B* différentes.

L'entreprise *A* propose à Nourédine un salaire de 1 350 € brut mensuel la première année et 50 € d'augmentation chaque 1er janvier. L'entreprise *B* propose la première année un salaire mensuel de 1 350 € brut à Cédric puis une augmentation de 3,5 % chaque 1er janvier. Nourédine et Cédric sont embauchés en 2009.

1 Construction d'un tableau

	A	B	C
1	Années	Salaire Nourédine	Salaire Cédric
2	2009	1350	1350

• Recopier le tableau ci-dessus dans une feuille de calculs d'un tableur.

• Entrer dans la cellule A3 la formule =A2+1 et l'étendre avec la poignée de remplissage jusqu'à la cellule A12.

• Entrer dans la cellule B3 la formule =B2+50 et l'étendre avec la poignée de remplissage jusqu'à la cellule B12.

• Entrer dans la cellule C3 la formule =C2 * 1,035 et l'étendre avec la poignée de remplissage jusqu'à la cellule C12.

→ Contrat de Nourédine
– Quel est le salaire mensuel de Nourédine en 2010, puis en 2011 ?
– On note u_1, u_2 et u_3 les salaires en 2009, 2010 et 2011 de Nourédine. Quelle est la nature de la suite u_1, u_2, u_3 ? Quelle est sa raison ?

→ Contrat de Cédric
– Quel est le salaire mensuel de Cédric en 2010, puis en 2011 ?
– On note u'_1, u'_2 et u'_3 les salaires en 2009, 2010 et 2011 de Cédric. Quelle est la nature de la suite u'_1, u'_2, u'_3 ? Quelle est sa raison ?

→ En quelle année le salaire de Nourédine devient-il inférieur au salaire de Cédric ?

2 Construction d'une représentation graphique

• Sélectionner la plage de B1 à C12 puis utiliser l'assistant graphique et choisir « Ligne » puis « points seuls ».

• Construire une représentation graphique conforme à celle ci-dessous.

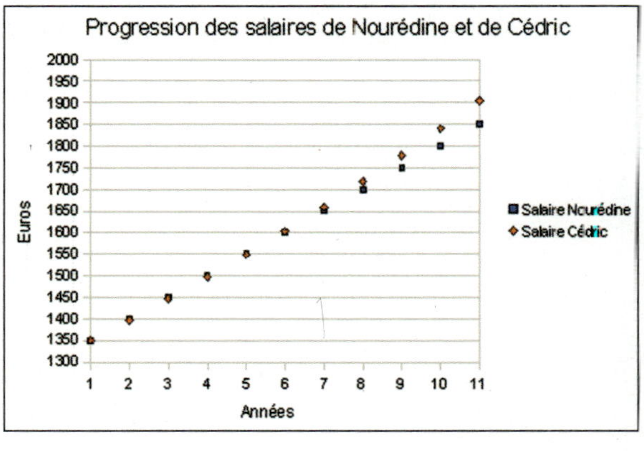

Chapitre 4

Fonctions de ré
Fonctions *kf*

férence

Investigation

Les deux images, les montagnes et leur reflet, sont-elles identiques ?

Ligne de crête avec P_1, P_2 : pics ;
D : axe horizontal

À la découverte de...

Activité 1

Comment étudier la fonction cube : $x \mapsto x^3$?

Le cube d'un nombre x est le nombre noté x^3 tel que $x^3 = x \times x \times x$. La calculatrice permet de calculer le cube d'un nombre x.

Par exemple, avec les séquences 1.5 [^] 3 [EXE] ou 1.5 [^] 3 [entrer], on obtient : $(1,5)^3 = 3,375$.

1. a) Recopier et compléter, en utilisant éventuellement la calculatrice, le tableau suivant.

x	– 2	– 1,5	– 1	– 0,5	0	0,5	1	1,5	2
x^3									

b) À partir de l'observation du tableau obtenu, que peut-on dire :
– du signe de x et du signe de x^3 ?
– des signes des cubes de deux nombres opposés ?

Coup de pouce

– 1,5 et 1,5 sont deux nombres opposés.

2. f est la fonction définie pour tout x réel par $f(x) = x^3$.
À l'écran d'une calculatrice, on a obtenu ci-dessous la courbe représentative de f. À partir de l'observation de la figure, **répondre** aux questions suivantes.

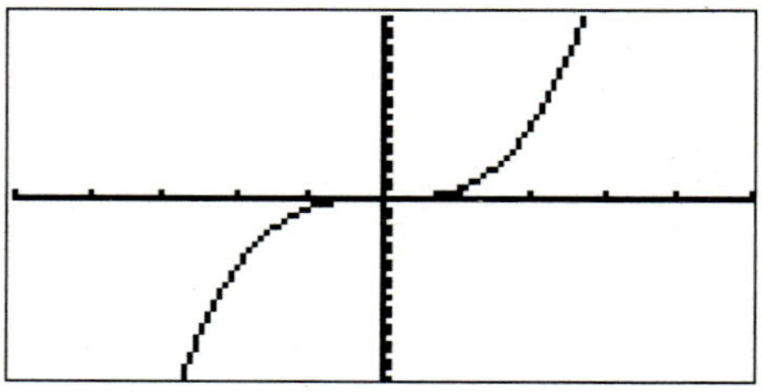

a) La courbe est-elle symétrique par rapport à un axe de coordonnées ? Est-elle symétrique par rapport à l'origine du repère ?

b) La fonction $f : x \mapsto x^3$ semble-t-elle croissante ou décroissante ?

Activité 2

Comment étudier la fonction inverse : $x \mapsto \frac{1}{x}$?

Tout nombre x non nul admet un inverse noté $\frac{1}{x}$; pour tout x non nul : $x \times \left(\frac{1}{x}\right) = 1$.

La calculatrice permet de calculer l'inverse du nombre x.
Par exemple, avec les séquences 5 [SHIFT] [x^{-1}] [EXE] ou 5 [x^{-1}] [entrer], on obtient : $\frac{1}{5} = 0,2$.

1. a) Recopier et compléter, en utilisant éventuellement la calculatrice, le tableau ci-après.

x	− 10	− 4	− 3	− 1	1	3	4	10
$\frac{1}{x}$								

b) À partir de l'observation du tableau obtenu, que peut-on dire :
– du signe d'un nombre et du signe de son inverse ?
– des inverses de deux nombres opposés ?

2. La fonction inverse est la fonction f définie pour tout nombre x différent de zéro par $f(x) = \frac{1}{x}$. À l'écran d'une calculatrice graphique, on a obtenu ci-dessous la courbe représentative de la fonction f.

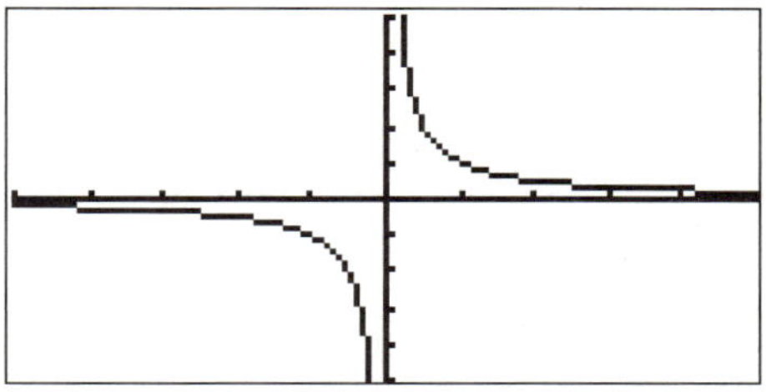

À partir de l'observation de la figure, **répondre** aux questions suivantes.

a) La courbe est-elle symétrique par rapport à l'axe des abscisses ? Par rapport à l'axe des ordonnées ? Par rapport à l'origine du repère ?

b) **Recopier et compléter**, en y traçant les flèches convenables, le tableau de variation de f.

x	$-\infty$	0	$+\infty$
$\frac{1}{x}$		‖	

Coup de pouce

Pour une fonction croissante, la flèche « monte ».
Pour une fonction décroissante, elle « descend ».

• L'ensemble des nombres réels peut être noté sous forme d'intervalle par $]-\infty\,; +\infty[$. $-\infty$ se lit « moins l'infini » ; $+\infty$ se lit « plus l'infini ».

• La double barre indique que la fonction $x \mapsto \frac{1}{x}$ n'est pas définie pour $x = 0$.

Activité 3 Comment étudier une fonction du type *kf* ?

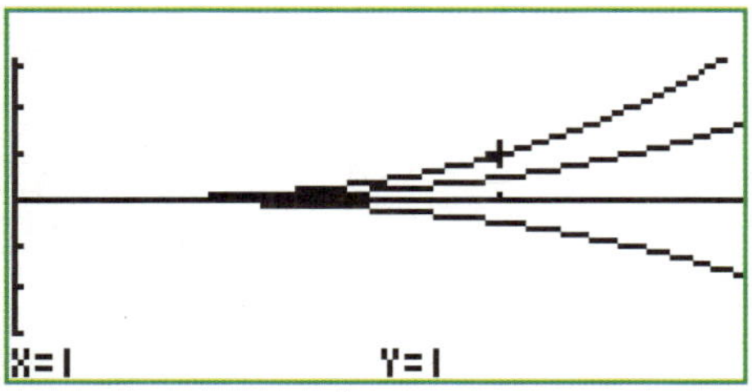

Sur l'écran d'une calculatrice graphique, on observe trois courbes.
Pour $0 \leqslant x \leqslant 1{,}5$:
– l'une d'elles représente la fonction $f : x \mapsto x^3$;
– l'une d'elles représente la fonction $g : x \mapsto \frac{1}{2}x^3$;
– l'une d'elles représente la fonction $h : x \mapsto -\frac{1}{2}x^3$.

Le point ⊞ est le point de coordonnées (1 ; 1).
À partir de l'observation de la figure, **répondre** aux questions suivantes.

1. Laquelle des courbes représente la fonction f ?
Laquelle représente la fonction g ? La fonction h ?

2. On sait que la fonction f est croissante.
Quel est le sens de variation de la fonction g ? De la fonction h ?

L'essentiel

1 Fonction cube : $x \mapsto x^3$

- La fonction cube est la fonction f définie **pour tout nombre x** par $f(x) = x^3$.
- La fonction cube est **croissante.**

Si $a < b$ alors $a^3 < b^3$.

- Sa courbe représentative est symétrique par rapport à l'origine du repère.

x	$-\infty$	0	$+\infty$
x^3	↗	0	↗

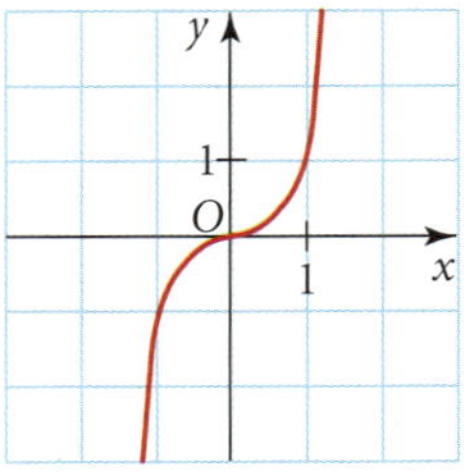

2 Fonction inverse : $x \mapsto \dfrac{1}{x}$

- La fonction inverse est la fonction f définie pour **tout nombre x différent de zéro** par $f(x) = \dfrac{1}{x}$.
- La fonction inverse est **décroissante** sur chacun des intervalles $]-\infty\,; 0[$ et $]0\,; +\infty[$.

Si $a < b < 0$ alors $\dfrac{1}{a} > \dfrac{1}{b}$.

Si $0 < a < b$ alors $\dfrac{1}{a} > \dfrac{1}{b}$.

- Sa courbe représentative est symétrique par rapport à l'origine du repère.

x	$-\infty$	0	$+\infty$
$\dfrac{1}{x}$	↘	‖	↘

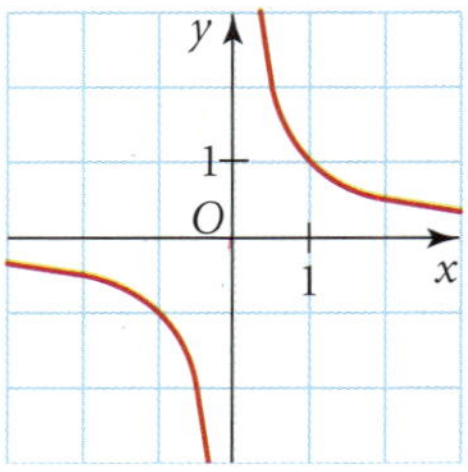

3 Fonction racine carrée : $x \mapsto \sqrt{x}$

- La fonction racine carrée est la fonction f définie pour **tout nombre x positif** par $f(x) = \sqrt{x}$.
- La fonction racine carrée est **croissante.**

Si $0 \leqslant a < b$ alors $0 \leqslant \sqrt{a} < \sqrt{b}$.

x	0	$+\infty$
$\sqrt{x}$	↗	

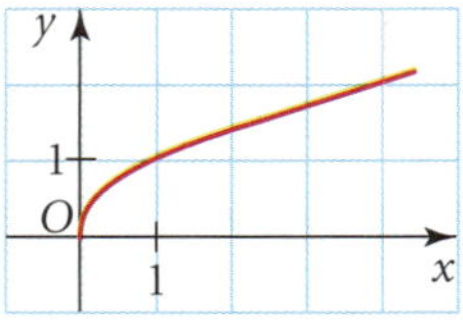

4 Fonction *kf* (*k* nombre donné)

f est une fonction définie sur l'intervalle I.

- La fonction $\boldsymbol{kf}$ est la fonction définie sur I par $\boldsymbol{x \mapsto kf(x)}$.
- – Si $\boldsymbol{k > 0}$, les fonctions f et kf ont **même sens de variation.**
– Si $\boldsymbol{k < 0}$, les fonctions f et kf ont des **sens de variation contraires.**

Exercices et Problèmes

Exercices

➥ Fonction cube $x \mapsto x^3$; fonction $x \mapsto kx^3$

QCM

Pour chaque question, une seule réponse est exacte. Indiquer laquelle.

1. f est la fonction $x \mapsto x^3$. On a donc :

a) $f(-1) = 1$ **b)** $f(-1) = -1$ **c)** $f(2) = 7$

2. f est la fonction $x \mapsto x^3$.
Si x est négatif, alors :

a) $f(x)$ est négatif **b)** $f(x)$ est nul

c) $f(x)$ est positif

3. f est la fonction $x \mapsto x^3$.
La courbe représentative de f est symétrique :

a) par rapport à l'axe des abscisses

b) par rapport à l'axe des ordonnées

c) par rapport à l'origine du repère

1 Calculer : $(-0{,}12)^3$; $(4{,}6)^3$; $(15{,}1)^3$; $(-2{,}6)^3$.

2 On sait que la fonction cube : $x \mapsto x^3$ est croissante.

1. En utilisant cette propriété, ranger, sans les calculer, les nombres suivants :
$(1{,}2)^3$; $(0{,}5)^3$; $(-3)^3$; $(-1{,}6)^3$.

2. Calculer les nombres donnés et vérifier le résultat obtenu à la question précédente.

3 Soit f la fonction cube : $x \mapsto x^3$.

1. Dresser le tableau de variation de f.

2. Recopier et compléter les inégalités suivantes par l'un des symboles < ou >.

a) Si $x > 1$ alors x^3 ... 1.

b) Si $x < -2$ alors x^3 ... (-8).

Point méthode TIC

Pour obtenir, à l'aide de la calculatrice, une table de valeurs d'une fonction f, on suit les instructions ci-dessous.

1. Avec la CASIO GRAPH 25+

- Dans le menu, on sélectionne TABLE.
- On entre l'expression de $f(x)$ dans Y_1.
- On entre les paramètres de la table :
  - la première valeur de x ;
  - le pas (la différence entre deux valeurs consécutives de x) ;
  - la dernière valeur de x.
- On édite la table.

2. Avec la TI-82 Stats.fr

- On entre l'expression de $f(x)$ dans Y_1.
- On entre les paramètres de la table :
  - la première valeur de x ;
  - le pas (la différence entre deux valeurs consécutives de x).
- On édite la table.

On pourra, si besoin, consulter les instructions données sur les rabats de couverture.

Remarques

- Si dans Y_1 : figure déjà une expression, on l'efface en tapant les séquences suivantes.

CASIO : [F2] pour [DEL] puis [F1] pour [YES]

TEXAS : [annul]

- Dans chaque cas, on se déplace dans la table par ▼ et ▲.

4 On considère la fonction f définie sur l'intervalle $[-2 ; 1]$ par $f(x) = x^3$.
Recopier et compléter, à l'aide de la calculatrice, le tableau suivant.

x	-2	$-1{,}5$	-1	$-0{,}5$	0	0,5	1
$f(x)$							

Corrigé

1. CASIO GRAPH 25+

- Dans le menu, on sélectionne TABLE ; EXE.
- Dans Y_1 : on tape X,T ^ 3 EXE.
- F3 pour RANG.

Dans strt : on entre – 2 EXE.

Dans End : on entre 1 EXE.

Dans ptch : on entre 0.5 EXE EXE.

- F4 pour TABL.

On lit

X	Y_1
– 2	– 8
– 1.5	– 3.375
...	...

2. T1–82 Stats.fr

- $f(x)$.

Dans Y_1 : on tape x,t,θ,n ^ 3 entrer.

- 2nde déf table.

Dans Déb Table, on entre – 2 entrer.

Dans Pas Table, on entre 0.5 entrer.

- 2nde table.

On lit

X	Y
– 2	– 8
– 1.5	– 3.375
– 1	– 1
...	...

Le tableau complété est le suivant.

x	– 2	– 1,5	– 1	– 0,5	0	0,5	1
$f(x)$	– 8	– 3,375	– 1	– 0,125	0	0,125	1

5 On considère la fonction cube $f : x \mapsto x^3$.

1. Recopier et compléter, à l'aide de la calculatrice, le tableau suivant (arrondir à 0,01).

x	– 0,5	– 0,25	0	0,25	0,5	0,75	1
$f(x)$							

2. Dans un repère orthonormal d'unité graphique 10 cm, tracer la courbe représentative $\mathscr{C}$ de f pour $-0,5 \leqslant x \leqslant 1$.

3. En déduire la représentation graphique, point par point, de la fonction g définie sur $[-0,5 ; 1]$ par $g(x) = \frac{1}{2}x^3$.

Point méthode TIC

Pour tracer la courbe représentative d'une fonction f à l'aide d'une calculatrice graphique :

1. avec la CASIO GRAPH 25+

- Dans le menu ; on sélectionne GRAPH.
- On entre $f(x)$.
- On entre les paramètres de la fenêtre :

X_{min}, X_{max}, le pas ;

Y_{min}, Y_{max}, le pas.

- On affiche la courbe.

2. Avec la T1-82 Stats.fr

- On entre $f(x)$.
- On entre les paramètres de la fenêtre

X_{min}, X_{max}, le pas ;

Y_{min}, Y_{max}, le pas.

- On affiche la courbe.

On pourra, si besoin, consulter les instructions données sur les rabats de couverture.

6 Tracer la courbe représentative de la fonction f définie pour $-1 \leqslant x \leqslant 2$ par $f(x) = x^3$.

Fenêtre : $X_{min} = -1$; $X_{max} = 2$; pas = 1 ;

$Y_{min} = -1$; $Y_{max} = 8$; pas = 1.

Corrigé

1. CASIO GRAPH 25+

- Dans le menu, on sélectionne GRAPH ; EXE.
- Dans Y_1 : on tape X,T ^ 3 EXE.
- SHIFT F3 pour (V. Window).

Dans X_{min} : – 1 EXE.

Dans X_{max} : 2 EXE.

Dans scl : 1 EXE.

▼

Dans Y_{min} : – 1 EXE.

Dans Y_{max} : 8 EXE.

Dans scl : 1 EXE EXE.

- F4 pour (DRAW).

2. TI-82 Stats.fr

- $f(x)$.

Dans Y_1 : on tape x,t,θ,n ^ 3 entrer.

- fenêtre

Dans X_{min} : – 1 [entrer].
Dans X_{max} : 2 [entrer].
Dans X_{grad} : 1 [entrer].
Dans Y_{min} : – 1 [entrer].
Dans Y_{max} : 8 [entrer].
Dans Y_{grad} : 1 [entrer].
• [graphe].
On obtient l'écran ci-dessous.

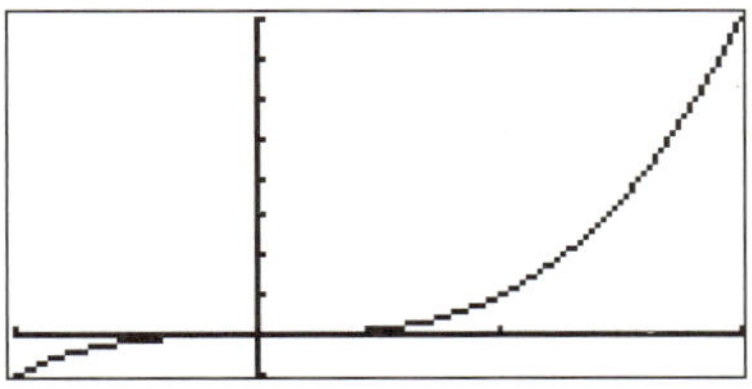

7 On considère la fonction f définie pour tout nombre x réel par $f(x) = 2x^3$.

1. Tracer sur l'écran de la calculatrice graphique la courbe représentative de f.
Fenêtre : $X_{min} = -2$; $X_{max} = 2$; pas = 1 ;
$Y_{min} = -16$; $Y_{max} = 16$; pas = 1.

2. Dresser le tableau de variation de f sur l'intervalle $[-2\,;2]$.

8 On considère la fonction f définie sur $\mathbb{R}$ par $f(x) = -0{,}4x^3$.

1. Tracer sur l'écran de la calculatrice graphique la courbe représentative de f.
Fenêtre : $X_{min} = -2$; $X_{max} = 2$; pas = 1 ;
$Y_{min} = -4$; $Y_{max} = 4$; pas = 1.

2. Dresser le tableau de variation de f sur l'intervalle $[-2\,;2]$.

➡ Fonction inverse $x \mapsto \frac{1}{x}$; fonction $x \mapsto \frac{k}{x}$

QCM

Pour chaque question, une seule réponse est exacte. Indiquer laquelle.

1. f est la fonction $x \mapsto \frac{1}{x}$.
La valeur de $f(4)$ est :
a) 0,125 b) 0,25 c) – 0,25

2. La fonction $f : x \mapsto \frac{1}{x}$ est :
a) croissante sur $]-\infty\,;0[$ et sur $]0\,;+\infty[$
b) décroissante sur $]-\infty\,;0[$ et sur $]0\,;+\infty[$

3. f est la fonction $x \mapsto \frac{1}{x}$.
La courbe représentative de f est :
a) symétrique par rapport à l'axe des abscisses
b) symétrique par rapport à l'axe des ordonnées
c) symétrique par rapport à l'origine du repère

4. f est la fonction $x \mapsto \frac{1}{x}$.
Sur la courbe représentative de f, on peut placer :
a) le point $A(-5\,;0{,}2)$
b) le point $A(-5\,;-0{,}2)$
c) le point $A(2\,;-0{,}5)$

9 Dans chacun des cas suivants, donner, sans calculatrice, la valeur exacte de l'inverse du nombre x.
$x = 10$; $x = -1\,000$; $x = -0{,}25$; $x = \frac{5}{2}$; $x = 10^3$; $x = \frac{2}{3}$.

10 f est la fonction définie sur l'intervalle $[0{,}5\,;4]$ par $f(x) = \frac{1}{x}$.

1. Recopier et compléter, à l'aide de la calculatrice, le tableau suivant (arrondir à 0,01).

x	0,5	1	1,5	2	2,5	3	3,5	4
$f(x)$								

2. Dans un repère orthonormal d'unité graphique 2 cm, placer les points dont les coordonnées $(x\,;f(x))$ sont données dans le tableau obtenu précédemment.

3. Tracer la courbe représentative de f sur l'intervalle $[0{,}5\,;4]$.

11 Soit f la fonction définie sur l'intervalle $[-4\,;-0{,}5]$ par $f(x) = \frac{1}{x}$.

1. Dresser son tableau de variation.

2. Tracer sur l'écran de la calculatrice graphique la courbe représentative de f.
Fenêtre : $X_{min} = -4$; $X_{max} = -0{,}5$; pas = 1 ;
$Y_{min} = -3$; $Y_{max} = 1$; pas = 1.

12 On sait que la fonction inverse $f : x \mapsto \frac{1}{x}$ est décroissante sur chacun des intervalles $]-\infty ; 0[$ et $]0 ; +\infty[$.
Comparer, sans les calculer, les inverses des nombres suivants :

a) π et 3. b) $-\frac{15}{7}$ et $-\frac{7}{3}$.

13 **1.** Tracer, sur l'écran de la calculatrice graphique, la courbe représentative de la fonction $f : x \mapsto \frac{1}{x}$.

Fenêtre : $X_{min} = -5$; $X_{max} = 5$; pas = 1 ;
$Y_{min} = -5$; $Y_{max} = 5$; pas = 1.

2. On sait que $f(1) = 1$ et que $f(-0{,}5) = -2$.
Recopier et compléter, à partir de l'observation du graphique, par l'un des symboles < ou > les inégalités suivantes.

Si $x > 1$ alors $\frac{1}{x}$ ... 1.

Si $x < -0{,}5$ alors $\frac{1}{x}$ ... -2.

14 On considère les fonctions f et g définies sur l'intervalle $[0{,}5 ; 5]$ par $f(x) = \frac{1}{x}$ et $g(x) = \frac{2}{x}$.

1. Dresser, à l'aide de la calculatrice, un tableau de valeurs de $f(x)$ avec un pas égal à 0,5.

2. a) Tracer, dans un repère orthonormal d'unité graphique 2 cm, la courbe représentative $\mathscr{C}$ de f.

b) En déduire la construction, point par point, de la courbe représentative $\mathscr{C}'$ de g.

3. On sait que f est décroissante. À partir de l'observation du graphique, indiquer le sens de variation de g.

15 On considère les fonctions f et g définies sur l'intervalle $[-5 ; -0{,}5]$ par $f(x) = \frac{1}{x}$ et $g(x) = \frac{-3}{x}$.

1. Dresser, à l'aide de la calculatrice, un tableau de valeurs de $f(x)$ avec un pas de 0,5.

2. a) Tracer, dans un repère orthonormal d'unité graphique 2 cm, la courbe représentative $\mathscr{C}$ de f.

b) En déduire le tracé, point par point, de la courbe représentative $\mathscr{C}'$ de g.

3. On sait que f est décroissante. À partir de l'observation du graphique, indiquer le sens de variation de g.

Fonction racine carrée : $x \mapsto \sqrt{x}$; fonction $x \mapsto k\sqrt{x}$

QCM

Pour chaque question, une seule réponse est exacte. Indiquer laquelle.
La question 1 est à traiter sans calculatrice.

1. a) $\sqrt{0{,}81} = -0{,}9$ **b)** $\sqrt{64} = 8$
c) $\sqrt{5{,}76} = 2{,}6$

Les questions 2 et 3 sont à traiter avec la calculatrice.

2. La valeur arrondie à 0,001 de $1 + \sqrt{3}$ est :
a) 2,731 **b)** 2,732 **c)** 2,73

3. La valeur arrondie à 0,01 de $\frac{\sqrt{2}}{\sqrt{3}}$ est :
a) 0,47 **b)** 1,22 **c)** 0,82

16 **1.** Tracer sur l'écran de la calculatrice graphique la courbe représentative de la fonction racine carrée $f : \mapsto \sqrt{x}$.

Fenêtre : $X_{min} = 0$; $X_{max} = 10$; pas = 1 ;
$Y_{min} = 0$; $Y_{max} = 4$; pas = 1.

2. À partir de l'observation de la figure, indiquer le sens de variation de la fonction racine carrée.

Corrigé

1. CASIO GRAPH 25+

- Dans le menu, on sélectionne GRAPH ; [EXE].
- Dans Y_1 : on entre

[SHIFT] [√] [X,T] [EXE].

- [SHIFT] [F3] pour (V. Window)

Dans X_{min} : 0 [EXE].
Dans X_{max} : 10 [EXE].
Dans scl : 1 [EXE] [EXE].
▼
Dans Y_{min} : 0 [EXE].
Dans Y_{max} : 4 [EXE] [EXE].
Dans scl : 1 [EXE].

• [F4] pour (DRAW).

TI-82 Stats.fr

• [$f(x)$].

Dans Y_1 : on tape [2nde] [√] [x,t,θ,n] [)] [entrer].

• [fenêtre]

Dans X_{min} : 0 [entrer].

Dans X_{max} : 10 [entrer].

Dans X_{grad} : 1 [entrer].

Dans Y_{min} : 0 [entrer].

Dans Y_{max} : 4 [entrer].

Dans Y_{grad} : 1 [entrer].

• [graphe].

On obtient l'écran suivant.

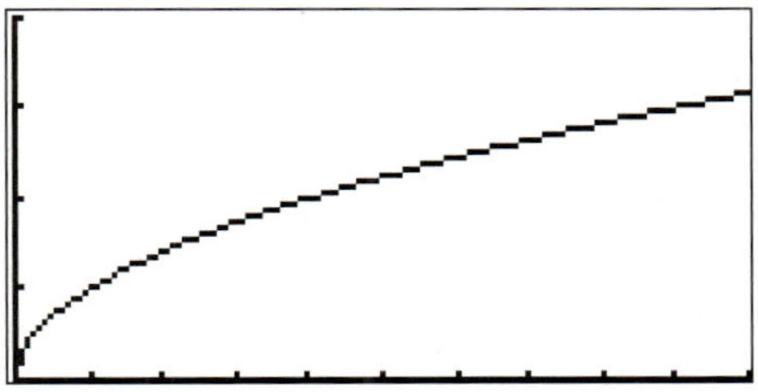

2. On observe que la fonction racine carrée est croissante.

17 **1.** Tracer, sur l'écran de la calculatrice graphique, la courbe représentative de la fonction racine carrée $x \mapsto \sqrt{x}$.

Fenêtre : $X_{min} = 0$; $X_{max} = 8$; pas = 1 ;
$Y_{min} = 0$; $Y_{max} = 4$; pas = 1.

2. Taper les touches [SHIFT] [F1] pour Trace sur CASIO ou [trace] sur TI.

a) Quel résultat connu peut-on lire à l'écran ?

b) À l'aide des touches ◄ et ► se déplacer pour $0 \leqslant x \leqslant 4$ sur l'arc de courbe obtenu.

c) En utilisant les résultats observés à la question précédente, compléter par le symbole convenable < ou > l'inégalité suivante : si $0 < x < 4$ alors $0 \ldots \sqrt{x} \ldots 2$.

18 **1.** Tracer sur l'écran de la calculatrice les courbes représentatives des fonctions f et g définies sur l'intervalle [0 ; 10] par $f(x) = \sqrt{x}$ et $g(x) = 2\sqrt{x}$.

Fenêtre : $X_{min} = 0$; $X_{max} = 10$; pas = 1 ;
$Y_{min} = 0$; $Y_{max} = 8$; pas = 1.

2. a) Dresser le tableau de variation de f.

b) Dresser le tableau de variation de g.

19 **1.** Tracer sur l'écran de la calculatrice les courbes représentatives des fonctions f et g définies sur l'intervalle [0 ; 10] par $f(x) = \sqrt{x}$ et $g(x) = -\frac{1}{2}\sqrt{x}$.

Fenêtre : $X_{min} = 0$; $X_{max} = 10$; pas = 1 ;
$Y_{min} = -2$; $Y_{max} = 4$; pas = 1.

2. a) Dresser le tableau de variation de f.

b) Dresser le tableau de variation de g.

➥ Équation du type $f(x) = c$

Point méthode TIC

Pour résoudre, à l'aide d'une calculatrice graphique, une équation du type $f(x) = c$:

• Sur l'écran de la calculatrice, on trace :

– la courbe représentative de f ;

– la droite d'équation $y = c$.

• À l'aide de [SHIFT] [F1] pour Trace ou de [trace] et des flèches ◄ et ►, on repère les points d'intersection de la courbe et de la droite et on lit leurs abscisses.

Ces abscisses sont les solutions de l'équation $f(x) = c$.

• À l'aide d'une table de valeurs de f, on peut obtenir un encadrement à une précision donnée de chaque solution (voir exercice 21).

Remarque : un réglage préliminaire de la calculatrice est nécessaire pour obtenir le tracé simultané de plusieurs courbes.

Il faut, éventuellement :

– Pour CASIO :

• dans le menu sélectionner GRAPH : [EXE].

• Taper [SHIFT] [MENU] pour [SET UP].

• Sélectionner Simul-G : on, puis taper [F1] pour [On] et [EXE].

– Pour Texas :

• taper [mode].

• À la 6e ligne sélectionner Simul, puis taper [entrer].

20 On considère l'équation $2x^3 = 7$.

À l'aide de la calculatrice graphique, donner une valeur approchée de la solution.
Fenêtre : $X_{min} = 0$; $X_{max} = 2$; pas = 1 ;
$Y_{min} = 0$; $Y_{max} = 10$; pas = 1.

Corrigé

CASIO GRAPH 25+

- Dans Y_1 : on tape 2 [X,T] [^] 3, puis [EXE].

Dans Y_2 : on tape 7, puis [EXE].

- On entre les paramètres de la fenêtre.
- On trace les courbes avec [SHIFT] [F4] pour [DRAW].
- On tape [SHIFT] [F1] pour [Trace] et, à l'aide des flèches ◀ et ▶, on place un point proche du point d'intersection des deux courbes.
- On lit l'abscisse de ce point.

TI-82 Stats.fr

- Dans Y_1 : on tape 2 [x,t,θ,n] [^] 3, puis [entrer].

Dans Y_2 : on tape 7, puis [entrer].

- On entre les paramètres de la fenêtre.
- On trace les courbes avec [graphe].
- On tape [trace] et, à l'aide des flèches ◀ et ▶ on place un point proche du point d'intersection des deux courbes.
- On lit l'abscisse de ce point.

On obtient, sur TI, l'écran suivant.

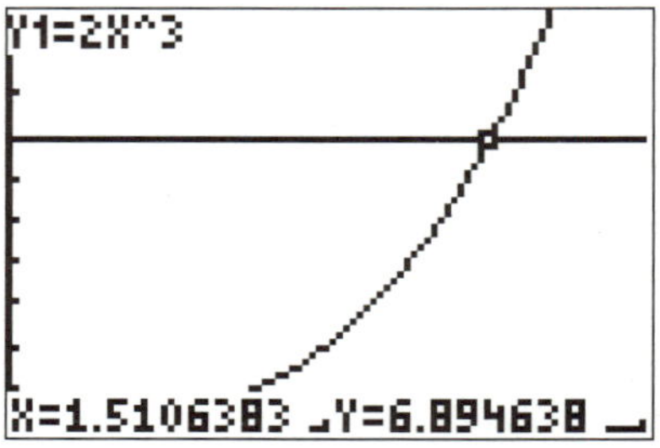

On lit $X = 1,51...$; $Y = 6,89...$

Donc l'équation $2x^3 = 7$ admet une solution x_1 : $x_1 \approx 1,51$.

Une pression sur ▶ permet de lire $X = 1,53...$; $Y = 7,19...$

On peut donc conclure que $1,51 < x_1 < 1,53$.

21 On considère l'équation $2x^3 = 7$.

On sait (d'après l'exercice résolu 20) que cette équation a une solution : $x_1 \approx 1,51$ et que $1,51 < x_1 < 1,53$. On se propose de déterminer un encadrement plus précis de x_1.

1. Dresser, à l'aide de la calculatrice, une table de valeurs de la fonction $f : x \mapsto 2x^3$.
$X_{min} = 1,51$; $X_{max} = 1,53$ (pour CASIO) pas = 0,001.

2. À partir de l'observation de la table obtenue, donner un encadrement du nombre x_1, solution de l'équation $f(x) = 7$.

Problèmes

*, **, *** : niveau de difficulté du problème C : problème corrigé (voir solution page 134).

22 ** On considère la fonction f définie pour tout nombre $x \geqslant 0$ par $f(x) = 2\sqrt{x}$.

1. À l'aide de la calculatrice graphique, résoudre l'équation $f(x) = 5$.
Fenêtre : $X_{min} = -1$; $X_{max} = 9$; pas = 1 ;
$Y_{min} = -1$; $Y_{max} = 6$; pas = 1.

2. a) Dresser une table de valeurs de f.
$X_{min} = 6,2$; pas = 0,01.

b) Que peut-on en déduire pour la solution de l'équation $f(x) = 5$?

23 ** On considère la fonction f définie sur l'intervalle $[-3 ; 3]$ par $f(x) = x^2 + 2x$.

1. Tracer, à l'écran de la calculatrice graphique, la courbe représentative de f et la droite d'équation $y = 2$.

2. À partir de l'observation du graphique, donner le nombre de solutions de l'équation $f(x) = 2$.

3. Donner pour chaque solution de cette équation une valeur approchée.
Fenêtre : $X_{min} = -3$; $X_{max} = 3$; pas = 1 ;
$Y_{min} = -5$; $Y_{max} = 5$; pas = 1.

24 ** Pour contrer l'offensive du commerce par internet dans le domaine de la cosmétique, le salon SANTÉ-BEAUTÉ a investi depuis 4 ans dans la publicité et l'aménagement de son point de vente.
Le responsable du salon a constaté que pour un investissement s, en k€, le résultat R, c'est-à-dire la somme rapportée par les ventes réalisées est donné, en k€, par la relation $R = -6s^2 + 54s + 12$.
1 k€ = 1 000 €.

1. Calculer le résultat pour une somme investie de 4 k€.

2. On considère la fonction f définie sur l'intervalle $[3 ; 6]$ par $f(x) = -6x^2 + 54x + 12$.

a) Tracer, sur l'écran d'une calculatrice graphique, la courbe représentative de f.
Fenêtre : $X_{min} = 3$; $X_{max} = 6$; pas = 0,5 ;
$Y_{min} = 110$; $Y_{max} = 140$; pas = 10.

b) À l'aide de la fonction trace et des flèches ◄ ►, observer le déplacement d'un point de la courbe.
En déduire que la fonction f admet sur l'intervalle $[3 ; 6]$ un maximum.

c) Préciser la valeur de ce maximum et la valeur de x pour laquelle il est atteint.

3. *Application.*
En utilisant les résultats précédents, donner le montant de l'investissement, en euros, qui permet d'obtenir un résultat maximum.

25 *** **Gérer un stock**

M. Rivière, responsable du magasin HAX, spécialisé en informatique, analyse le coût de gestion de son stock d'imprimantes, multifonction.

Il estime que ce coût $C(n)$, en euros, est donné en fonction du nombre n de commandes par la relation : $C(n) = 2n + 40 + \frac{450}{n}$ où n est un entier compris entre 5 et 25.

Première partie. Calculs de coûts

Calculer le coût de gestion dans chacun des cas suivants.

1. $n = 15$. **2.** $n = 25$.

Deuxième partie. Fonction et équation

On considère la fonction f définie sur l'intervalle $[5 ; 25]$ par $f(x) = 2x + 40 + \frac{450}{x}$.

1. Tracer à l'écran de la calculatrice graphique :
– la courbe représentative de f ;
– la droite d'équation $y = 105$.
Fenêtre : $X_{min} = 5$; $X_{max} = 25$; pas = 1 ;
$Y_{min} = 90$; $Y_{max} = 140$; pas = 1.

2. À l'aide de la fonction trace de la calculatrice, résoudre l'équation $f(x) = 105$.

3. La fonction f admet pour une valeur entière x_1 de l'intervalle $[5 ; 25]$ un minimum.
À l'aide de la fonction trace de la calculatrice, donner la valeur de x_1 et le minimum de f.

Troisième partie. Application

En utilisant les résultats précédents, préciser :

1. le nombre de commandes correspondant à un coût de gestion du stock égal à 105 € ;

2. le nombre de commandes à passer afin d'obtenir un coût de gestion du stock minimum et le montant de ce coût minimum.

26 *** **Concevoir un produit**

Une entreprise fabrique des pavés auto-bloquants. Elle a déterminé que, pour une fabrication variant de 100 à 300 pavés, le coût unitaire, en euros, est donné par la relation : $q(x) = -0,005x + 4$, où x désigne le nombre de pavés fabriqués.

Première partie. Calculs numériques

1. Recopier et compléter le tableau suivant.

Nombre de pavés	100	150	200	250	300
Coût unitaire (en euros)		3,25			
Coût total (en euros)		487,50		687,50	

2. Exprimer en fonction de x le coût total de la fabrication de x pavés.

Deuxième partie. Résolution d'une équation

On considère la fonction f définie sur l'intervalle $[100 ; 300]$ par $f(x) = -0,005x^2 + 4x$.

1. a) Tracer sur l'écran de la calculatrice graphique :
– la courbe représentative de f ;
– la droite d'équation $y = 672$.
Fenêtre : $X_{min} = 100$; $X_{max} = 300$; pas $= 10$;
$Y_{min} = 300$; $Y_{max} = 900$; pas $= 50$.

b) Donner la solution de l'équation $f(x) = 672$.

2. Indiquer le nombre de pavés fabriqués pour un coût total de 672 euros.

27 *** Protéger la planète

La puissance récupérable théorique P (en watt) d'une éolienne est donnée par la relation $P = 356 \times C_p \times V^3$ où :
– C_p est le coefficient de performance de l'éolienne (sans unité) ;
– V est la vitesse du vent en mètre par seconde.

Première partie. Calculs numériques

1. Calculer C_p dans le cas où :
$V = 15$ m/s et $P = 300\,000$ W. Arrondir à 0,01.

2. On admet que, pour l'éolienne étudiée, le coefficient de performance varie en fonction de la vitesse V du vent selon la relation : $C_p = \dfrac{11,236}{V} - 0,5$.

a) En utilisant l'expression de P donnée au début de l'énoncé, montrer que l'expression de la puissance en fonction de la vitesse V est :

$$P = -178\,V^3 + 4\,000,016\,V^2.$$

b) Calculer la puissance fournie pour une vitesse du vent de 13 m/s. Arrondir à l'unité.

Deuxième partie. Résolution graphique d'une équation

On considère la fonction f définie sur l'intervalle $[0 ; 18]$ par $f(x) = -178x^3 + 4\,000,016x^2$.

1. À l'écran de la calculatrice graphique, tracer :
a) la courbe représentative de la fonction f ;
b) la droite d'équation $y = 200\,000$.
Fenêtre : $X_{min} = 0$; $X_{max} = 18$; pas $= 1$;
$Y_{min} = 0$; $Y_{max} = 260\,000$; pas $= 20\,000$.

2. En utilisant la fonction trace de la calculatrice, résoudre l'équation $f(x) = 200\,000$. On donnera la valeur arrondie à l'unité de la solution.

Troisième partie. Exploitation

1. Indiquer la vitesse du vent en mètre par seconde qui permet une puissance récupérable de 200 kW.

2. Exprimer cette vitesse en kilomètre par heure.

28 ** Gérer un stock

L'entreprise STYL'ART commercialise des fournitures et du matériel de bureau.
Elle se propose de déterminer, pour le produit « Junior » le nombre de commandes annuelles à effectuer afin de minimiser le coût de gestion du stock.
On note x le nombre de commandes annuelles.
Le coût de gestion C du stock est donné, en euros, par la relation :

$C(x) = 60x + \dfrac{7\,260}{x}$; x entier compris 2 et 16.

1. À l'aide du tableur, obtenir le tableau des valeurs de $C(x)$ en appliquant la méthode suivante.

x	2	3	…		15	16
C(x)						

A désigne la première colonne et la première ligne. Entrer en gras les textes x et C(x) dans les cellules A1 et A2.
Entrer 2 dans la cellule B1 et =B1+1 dans C1. Étendre cette dernière cellule jusqu'en P1.

Saisir ensuite =60*B1+7260/B1 dans la cellule B2 et l'étendre jusqu'en P2.

2. Indiquer le nombre N de commandes annuelles pour lequel le coût de gestion du stock du produit « Junior » est minimal.
Quel est ce coût minimal ?
Le nombre N obtenu est appelé « nombre économique de commandes ».

3. La vente annuelle prévue pour le produit « Junior » est de 945 pièces. La « quantité économique » du produit « Junior » correspond à la quantité de pièces par commande pour obtenir un coût minimal de gestion.
Elle est donnée par $Q = \frac{P}{N}$.
Calculer la « quantité économique » du produit « Junior ».
Arrondir à l'unité.

29 *** Dans un magasin, un samedi, le nombre $N(t)$ de clients présents est, en fonction de l'heure t, donné par :
$N(t) = -5t^3 + 225t^2 - 3\,240t + 15\,250$ pour t compris entre 10 et 20.
On considère la fonction f définie sur l'intervalle $[10 ; 20]$ par $f(x) = -5x^3 + 225x^2 - 3\,240x + 15\,250$.

1. À l'aide du logiciel GeoGebra, tracer la courbe de la fonction f pour x variant de 10 à 20.
– Saisir Fonction[−5x^3+225x^2−3240x+15250,10,20]. Après un clic droit sur la zone graphique, choisir « 1 : 50 » dans le menu axe X : axe Y. Sélectionner la croix du dernier bouton, puis déplacer la souris, clic gauche actionné, pour centrer la courbe sur la zone graphique.

2. La saisie de (11.5,f(11.5)) permet de placer sur la courbe le point A d'abscisse 11,5. Relever ses coordonnées dans la fenêtre algèbre.

3. Placer un point B sur la courbe à l'aide du deuxième bouton et le déplacer avec le curseur, sélectionné par le premier bouton, pour le placer « au plus haut » sur la courbe. Relever ses coordonnées dans la fenêtre algèbre.

4. *Application.*
À partir des résultats obtenus précédemment, indiquer :
a) le nombre de clients présents dans le magasin à 11 heures 30 minutes ;
b) l'heure à laquelle il faut prévoir un maximum de caissières pour fluidifier le passage aux caisses.

avec l'ordinateur

Activité 1 Étude des fonctions de la forme *kf* à l'aide de GeoGebra

• Définir le nombre $k = 2$ dans la fenêtre de saisie. Dans la fenêtre algèbre, afficher le curseur en cliquant sur le cercle **k = 2**.

• Tracer la courbe représentative de la fonction $f(x) = \sqrt{x}$ en saisissant sqrt(x), puis celle de la fonction $g(x) = k\sqrt{x}$ en saisissant k*sqrt(x).

• Placer un point A sur l'axe des abscisses.

• Tracer la droite perpendiculaire à l'axe des abscisses passant par A. Créer le point M intersection de cette droite avec la courbe représentative de la fonction f, puis le point N intersection de cette droite avec la courbe représentative de la fonction g.

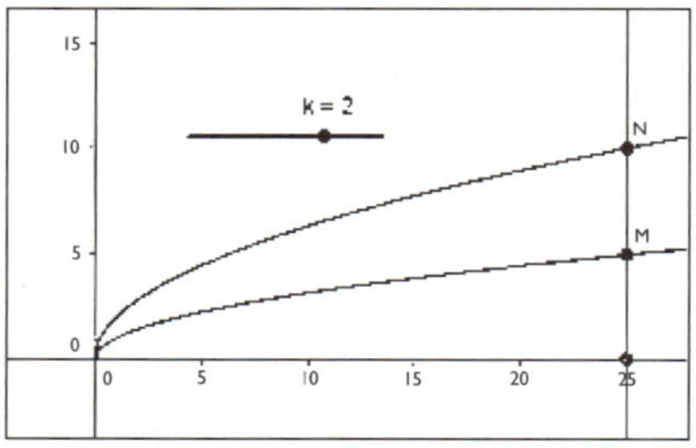

→ **Relever les valeurs des ordonnées de M et N dans la fenêtre algèbre pour différentes valeurs de k, et différentes positions du point A. Quelle relation y a-t-il entre l'ordonnée de N et celle de M ?**

→ **Effacer les deux fonctions précédentes puis construire $f(x) = \dfrac{1}{x}$ et $g(x) = \dfrac{k}{x}$. Observer si la relation précédente est encore vraie (il pourra être utile d'agrandir la figure ou de la recentrer).**

→ **Recommencer avec les fonctions $f(x) = x^3$ et $g(x) = kx^3$.**

→ **Que peut-on dire des courbes représentatives des fonctions f et kf lorsque $k = -1$?**

Activité 2 Résolution graphique d'une équation à l'aide de GeoGebra

• Faire un clic droit pour faire apparaître le menu *Graphique*, sélectionner ensuite axeX : axeY ✓1 : 5 et agrandir la figure.

Prendre pour unités graphiques 1 en abscisse et 5 en ordonnée.

• Tracer la courbe représentative de la fonction $f(x) = x^3$ en saisissant x^3.

• Placer un point A sur l'axe des ordonnées.

• Tracer la droite perpendiculaire à cet axe passant par A et créer le point B intersection de celle-ci avec la courbe de la fonction f.

• Tracer la droite perpendiculaire à l'axe des abscisses passant par B et nommer C le point d'intersection de cette droite avec l'axe des abscisses.

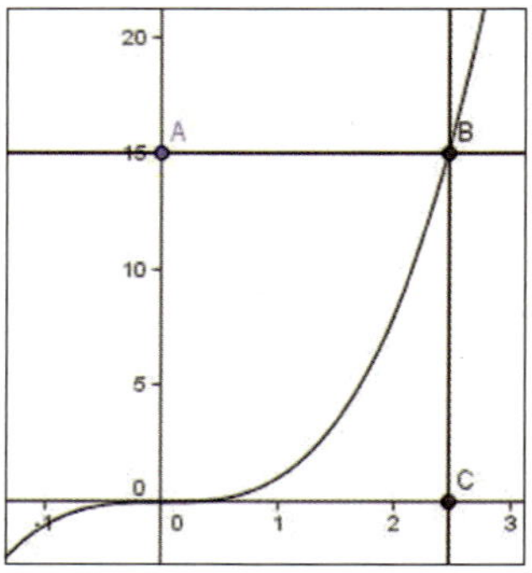

→ **En choisissant la position du point A et en lisant les coordonnées du point C, résoudre l'équation $x^3 = 15$. Donner une valeur approchée de la solution à 0,01 près puis à 0,001 près en choisissant l'arrondi dans l'onglet *Options* de la barre de menu.**

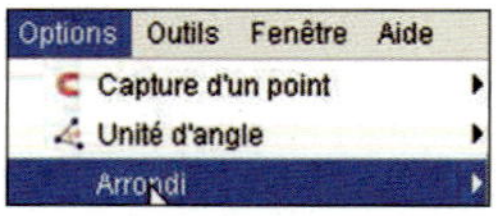

Utiliser la calculatrice pour vérifier le résultat.

→ **Reprendre les mêmes questions avec les équations $x^3 = 30$ et $x^3 = -60$.**

Activité 3 Résolution algébrique approchée d'une équation à l'aide d'un tableur

On se propose de résoudre de façon approchée, à l'aide d'un tableur, l'équation $x^3 = 15$. On sait que $2^3 = 8$ et $3^3 = 27$, donc la solution est dans l'intervalle [2 ; 3].

	A	B	C	D	E	F	G	H	I	J	K	L	M
1													
2													
3	intervalle [a,b]	a =	2										
4		b =	3										
5													
6													
7	pas	(b-a)/10 =	0,1										
8													
9	variable	x =	2	2,1	2,2	2,3	2,4	2,5	2,6	2,7	2,8	2,9	3
10													
11	image	f(x) =	8	9,26	10,6	12,2	13,8	15,6	17,6	19,7	22	24,4	27

• Recopier les colonnes A et B dans un tableur ainsi que les valeurs 2 et 3 dans les cellules C3 et C4.

• Dans la cellule C7, saisir le pas `=(C4-C3)/10` qui permettra d'obtenir 10 valeurs de la variable dans l'intervalle [2,3].

• Dans la cellule C9, saisir la valeur de *a* `=C3` et dans la cellule D9 entrer la formule `=C9+$C$7` pour incrémenter la variable. Tirer ensuite cette cellule sur la ligne jusqu'à la colonne M.

• Dans la cellule C11 entrer la formule de la fonction retenue `=C9^3` puis tirer celle-ci sur la ligne jusqu'à la colonne M.

• Choisir un format de colonne d'une largeur suffisante, pour rendre visible le nombre de décimales souhaitées.

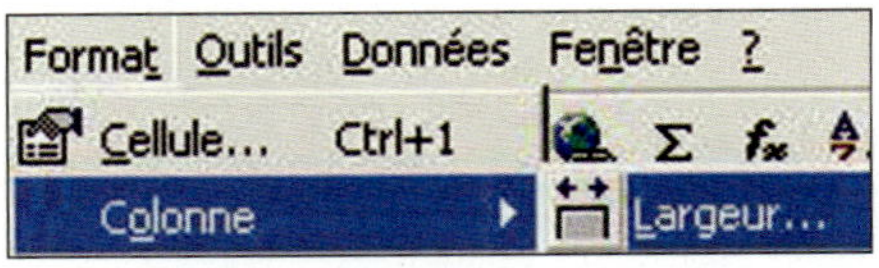

→ Donner une valeur approchée à 0,1 près de la solution de l'équation $x^3 = 15$.

→ Remplacer les bornes *a* et *b* de l'intervalle dans les cellules C3 et C4 par un encadrement à 0,1 près de la valeur trouvée à la question précédente. Donner une valeur approchée à 0,01 près de la solution.

→ En utilisant la même méthode, donner une valeur approchée à 0,001 près de cette solution. Dans l'onglet *Nombre* du menu *Format de cellule*, on fixera à 3 le nombre de décimales.

Chapitre

5 Fonctions $f + g$ Inéquations

Investigation

Dans la boucle, le wagonnet w passe sur le rail R_1 et sur le rail R_2. Est-il toujours plus haut sur R_1 que sur R_2 ?

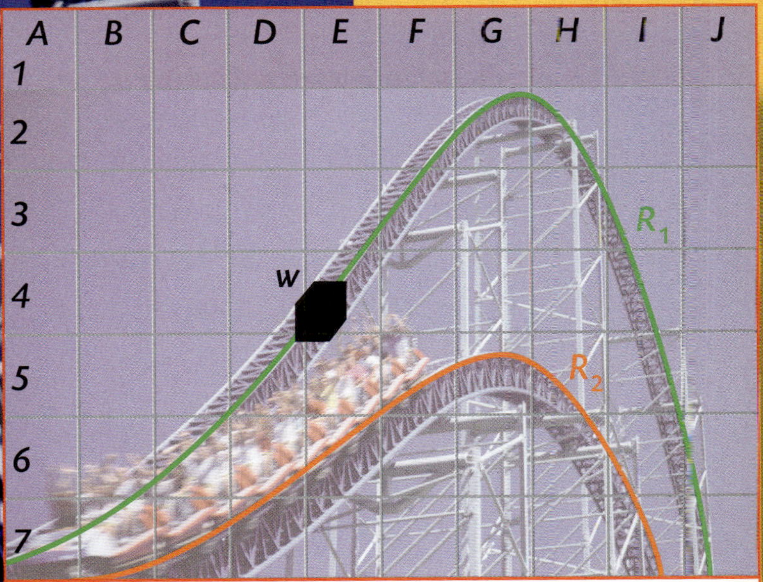

Wagonnet w et rails R_1 et R_2
(le quadrillage permet de se repérer).

À la découverte de...

Activité 1 Comment étudier une fonction du type $f + g$?

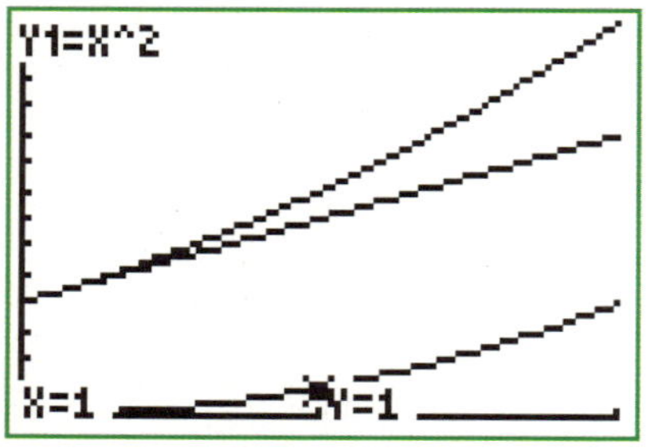

Première partie. Somme de deux fonctions croissantes

À l'écran d'une calculatrice graphique, on a tracé les courbes représentatives des fonctions f, g et h définies sur l'intervalle $[0 ; 2]$ par :

$f(x) = x^2$; $g(x) = 3x + 4$; $h(x) = x^2 + 3x + 4$.

Le point ☒ est le point de coordonnées $(1 ; 1)$.

1. L'une de ces trois courbes est un segment de droite. De quelle fonction est-elle la courbe représentative ?

2. De quelle fonction la courbe qui passe par le point de coordonnées $(1 ; 1)$ est-elle la courbe représentative ?

3. La courbe non repérée aux questions **1** et **2** est la courbe représentative sur $[0 ; 2]$ de la fonction $h : x \mapsto x^2 + 3x + 4$. Cette fonction est définie par $h(x) = f(x) + g(x)$; on dit que h est la fonction somme des fonctions f et g et on écrit $h = f + g$.

a) Quel est, sur l'intervalle $[0 ; 2]$, le sens de variation de la fonction $f : x \mapsto x^2$?

b) Quel est le sens de variation de la fonction affine $g : x \mapsto 3x + 4$? **Justifier.**

c) À partir de l'observation du graphique, **donner** le sens de variation sur $[0 ; 2]$ de la fonction $h = f + g$.

> **Coup de pouce**
> Indiquer le sens de variation de f, c'est indiquer si f est croissante ou décroissante.

Deuxième partie. Somme de deux fonctions décroissantes

À l'écran d'une calculatrice graphique, on a tracé les courbes représentatives des fonctions f, g et h définies sur l'intervalle $[1 ; 5]$ par :

$f(x) = \frac{3}{x}$; $g(x) = -0{,}5x + 4$; $h(x) = \frac{3}{x} - 0{,}5x + 4$.

Le point ☒ est le point de coordonnées $(3 ; 1)$.

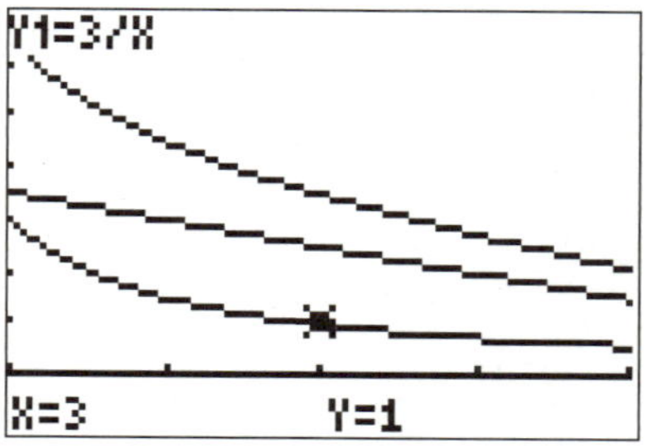

1. **Indiquer :**

a) Quelle courbe est la représentation graphique de f ;

b) quelle courbe est la représentation graphique de g.

2. On sait que, sur l'intervalle $[1\,;5]$, la fonction $x \mapsto \dfrac{1}{x}$ est décroissante. **En déduire** le sens de variation de f.

3. La fonction g est une fonction affine. **Indiquer**, en justifiant la réponse, le sens de variation de g.

Coup de pouce

Vérifier que $h(x) = f(x) + g(x)$.

4. a) Vérifier que la fonction h est la fonction somme des fonctions f et g.

b) À partir de l'observation du graphique, **donner** le sens de variation de h.

Activité 2 Comment résoudre graphiquement une inéquation ?

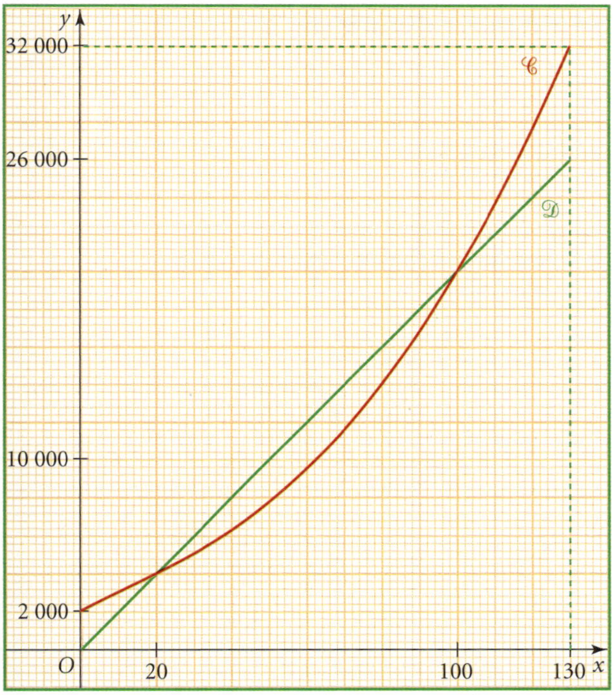

Une entreprise fabrique des articles informatiques. On suppose que toute sa production mensuelle est vendue.

On appelle :
$C(x)$ le coût de production, en euros, de x articles ;
$R(x)$ la somme, en euros, rapportée par la vente de ces x articles.
On suppose que $0 \leqslant x \leqslant 130$.

Les fonctions C et R sont représentées ci-contre :
C est représentée par la courbe $\mathscr{C}$;
R est représentée par la droite $\mathscr{D}$.

1. a) Déterminer graphiquement le coût de production de 80 articles.

b) Déterminer graphiquement la somme rapportée par la vente de 80 articles.

c) Si l'entreprise fabrique et vend 80 articles, réalise-t-elle un bénéfice ou une perte ?

2. L'entreprise fabrique et vend 120 articles. En utilisant le graphique, **indiquer** si, dans ce cas, elle est bénéficiaire ou déficitaire.

3. a) Déterminer graphiquement les valeurs de x pour lesquelles $\mathscr{D}$ est « au-dessus » de $\mathscr{C}$.

b) Pour ces valeurs de x, **compléter** par le symbole convenable $<$ ou $>$ l'inégalité : $R(x)\ \ldots\ C(x)$.

c) Indiquer pour combien d'articles fabriqués et vendus la fabrication est rentable.

L'essentiel

1 Somme de deux fonctions

f et g sont deux fonctions définies sur l'intervalle I.

- **Définition**

La somme $f + g$ des fonctions f et g est la fonction définie sur l'intervalle I par $f + g : x \mapsto f(x) + g(x)$.

Pour construire la courbe représentative de $f + g$, on place les points de coordonnées $(x ; f(x) + g(x))$.

- **Sens de variation**

– Si f et g sont **croissantes** sur I, alors $f + g$ est **croissante** sur I.
– Si f et g sont **décroissantes** sur I, alors $f + g$ est **décroissante** sur I.

2 Résolution graphique d'inéquations

- **Inéquation de la forme $f(x) > 0$**

f est une fonction définie sur l'intervalle I. $\mathscr{C}_f$ est la courbe représentative de f.

Les solutions de l'inéquation $f(x) > 0$ sont les **abscisses** des points de $\mathscr{C}$ qui sont situés **au-dessus** de l'axe des abscisses.

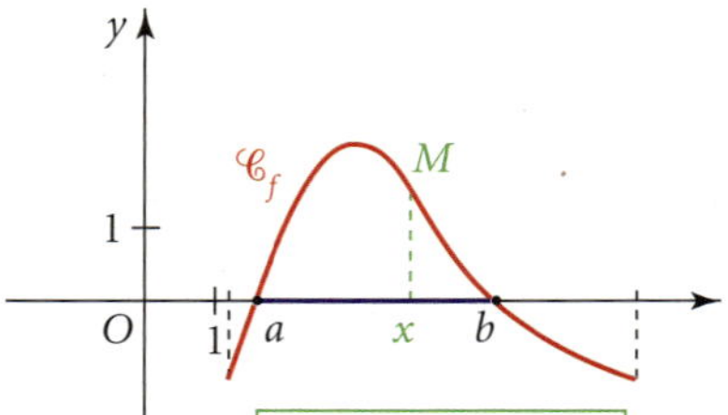

M est au-dessus de l'axe des abscisses

Pour l'exemple ci-contre, les solutions de l'inéquation $f(x) > 0$ sont tous les nombres x tels que $a < x < b$.

Remarque. Les nombres a et b sont les solutions de l'équation $f(x) = 0$.

- **Inéquation de la forme $f(x) \geqslant g(x)$**

f et g sont deux fonctions définies sur l'intervalle I.
$\mathscr{C}_f$ est la courbe représentative de f ; $\mathscr{C}_g$ est la courbe représentative de g.

Les solutions de l'inéquation $f(x) \geqslant g(x)$ sont les **abscisses** des points de $\mathscr{C}_f$ qui sont situés **au-dessus** de $\mathscr{C}_g$ et les **abscisses** des points **communs** à $\mathscr{C}_f$ et $\mathscr{C}_g$.

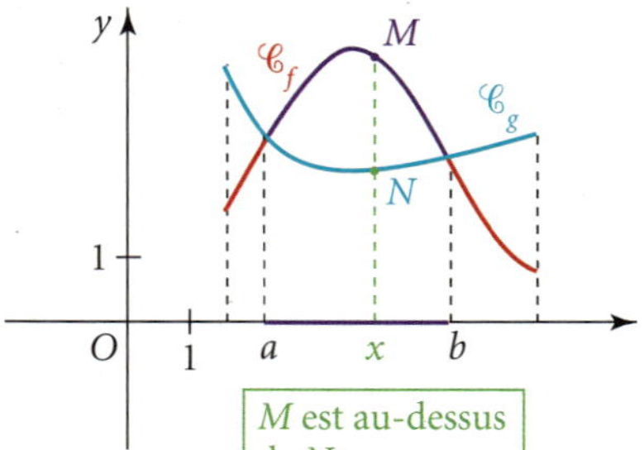

M est au-dessus de *N*

Pour l'exemple ci-contre, les solutions de l'inéquation $f(x) \geqslant g(x)$ sont tous les nombres x tels que $a \leqslant x \leqslant b$ c'est-à-dire tous les nombres x de l'intervalle $[a ; b]$.

Exercices et Problèmes

Exercices

➥ Somme de deux fonctions

QCM

Pour les questions 1 et 2, une seule réponse est exacte. Indiquer laquelle.

1. Si $f(x) = 2x^3$ et $g(x) = -4x$, alors la fonction $f + g$ est la fonction :

a) $x \mapsto 2x^3 + 4x$ b) $x \mapsto 2x^3 - 4x$

c) $x \mapsto 4x - 2x^3$

2. La fonction $x \mapsto 2x^2 - x$ est la somme des fonctions :

a) $x \mapsto 2x^2$ et $x \mapsto x$ b) $x \mapsto 2x^2$ et $x \mapsto -x$

3. Dans deux des quatre cas suivants, on peut donner directement le sens de variation de $f + g$.
Indiquer lesquels.

a) f et g décroissantes

b) f croissante et g décroissante

c) f décroissante et g décroissante

d) f et g croissantes

Point méthode

Pour construire sur un intervalle I, point par point, la représentation graphique de $f + g$ à partir de la représentation graphique $\mathscr{C}_f$ de f et de la représentation graphique $\mathscr{C}_g$ de g :

- Pour différentes valeurs x de I,

– on place sur $\mathscr{C}_f$ le point M d'abscisse x, donc $y_M = f(x)$;

– on place sur $\mathscr{C}_g$ le point N d'abscisse x, donc $y_N = g(x)$;

– on place le point P d'abscisse x et d'ordonnée $y_P = y_M + y_N$. ▸▸▸

- On joint les points P par une courbe régulière.

La courbe obtenue est la courbe représentative de $f + g$.

La construction géométrique de P est illustrée par les figures ci-dessous dans les cas où l'on a :

- $g(x) > 0$

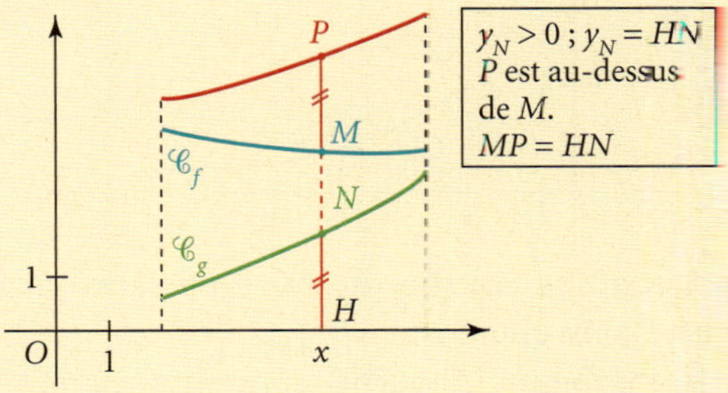

- $g(x) < 0$

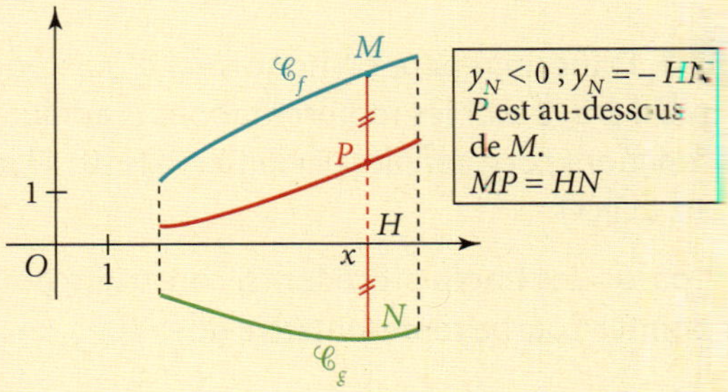

1 On considère les fonctions f et g définies sur l'intervalle $[1 ; 4]$ par $f(x) = x$ et $g(x) = \frac{1}{x}$.

1. Dans un repère orthonormal d'unité graphique 1 cm, tracer :

a) la courbe représentative $\mathscr{C}_f$ de f ;

b) la courbe représentative $\mathscr{C}_g$ de g.

2. À partir des tracés précédents, construire, point par point, la courbe $\mathscr{C}$ représentative de la fonction $f + g$.

Corrigé

1. a) La courbe $\mathscr{C}_f$ est le segment $[AB]$ où A est le point de coordonnées $(1 ; 1)$ et B le point de coordonnées $(4 ; 4)$.

b) On dresse le tableau suivant.

x	1	1,5	2	2,5	3	3,5	4
$\frac{1}{x}$	1	≈ 0,67	0,5	0,4	0,33	≈ 0,29	0,25

On construit $\mathscr{C}_g$.

2. On place les points P de $\mathscr{C}$ d'abscisses 1 ; 1,5 ; ... ; 4 tels que $MP = HN$.

La construction est illustrée ici pour $x = 2$.

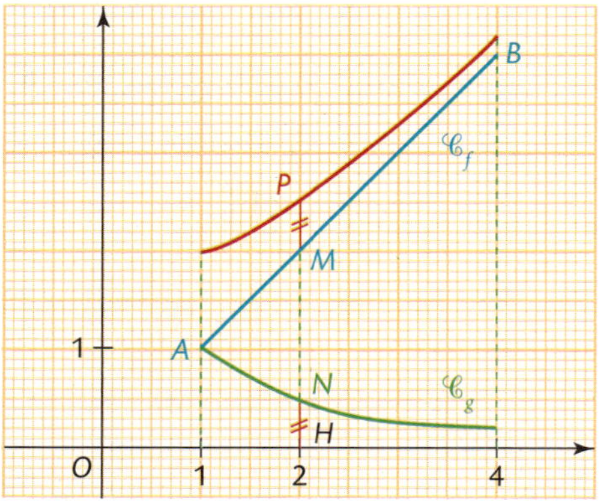

On trace une courbe régulière passant par les points P ainsi obtenus.

Cette courbe est la courbe représentative de $f + g$ (tracée ici en rouge).

2 **1.** Dans un repère orthonormal d'unité graphique 4 cm, tracer les représentations graphiques des fonctions f et g définies par l'intervalle $[0 ; 1]$ par $f(x) = x$ et $g(x) = x^2$.

2. À partir des tracés précédents, construire point par point la courbe représentative de $f + g$.

3 On considère les fonctions f et g définies sur l'intervalle $[0 ; 1]$ par : $f(x) = \sqrt{x}$ et $g(x) = x$.

1. Dans un repère orthonormal d'unité graphique 5 cm (1 cm représente 0,2), tracer :

a) la courbe représentative de f ;

b) la courbe représentative de g.

2. À partir des tracés précédents, tracer la courbe représentative de $f + g$.

4 On considère les fonctions f et g définies sur l'intervalle $[0 ; 4]$ par $f(x) = \sqrt{x}$ et $g(x) = -\frac{1}{2}x$.

1. Dans un repère orthonormal d'unité graphique 2 cm, tracer :

a) la courbe représentative de f ;

b) la courbe représentative de g.

2. À partir des tracés précédents, construire la courbe représentative de $f + g$.

5 On considère les fonctions f et g définies sur l'intervalle $[0,5 ; 4]$ par $f(x) = \frac{1}{x}$ et $g(x) = \frac{1}{x} + 1$.

Le plan est rapporté à un repère orthonormal d'unité graphique 2 cm.

1. À l'aide de la calculatrice, dresser un tableau de valeurs de $f(x)$ (arrondir à 0,01).

Prendre $X_{min} = 0,5$; $X_{max} = 4$; pas = 0,5.

2. a) Construire la courbe représentative $\mathscr{C}_f$ de f.

b) À partir du tracé précédent, construire la courbe représentative $\mathscr{C}_g$ de g.

3. a) Quel est le sens de variation de f ?

b) À partir de l'observation du graphique, indiquer le sens de variation de g.

6 On considère les fonctions f et g définies sur l'intervalle $[0 ; 4]$ par $f(x) = x^2$ et $g(x) = 3x$.

1. a) Dresser le tableau de variation de f.

b) Dresser le tableau de variation de g.

2. En déduire le tableau de variation de $f + g$.

7 On considère les fonctions f et g définies sur $\mathbb{R}$ par $f(x) = x^3$ et $g(x) = x$.

1. a) Indiquer le sens de variation de f.

b) Indiquer le sens de variation de g.

2. En déduire le sens de variation de $f + g$.

8 On considère la fonction h définie sur l'intervalle $[0,5 ; 5]$ par $h(x) = \frac{1}{x} - x$.

1. On peut écrire $h(x) = f(x) + g(x)$ avec $f(x) = \frac{1}{x}$ et $g(x) = -x$.

a) Indiquer le sens de variation sur $[0,5 ; 5]$ de la fonction f.

b) Indiquer le sens de variation sur $[0,5 ; 5]$ de la fonction g.

c) En déduire le sens de variation de h.

2. a) Tracer la courbe représentative de h à l'écran d'une calculatrice graphique.

Fenêtre : $X_{min} = 0,5$; $X_{max} = 5$; pas $= 0,5$;
$Y_{min} = -5$; $Y_{max} = 2$; pas $= 1$.

b) À partir de l'observation du graphique, vérifier le résultat obtenu à la question **1. c**.

➥Inéquations de la forme *f*(*x*) > 0

QCM

Pour chaque question, une seule réponse est exacte. Indiquer laquelle.

$\mathscr{C}$ est la courbe représentative d'une fonction f.

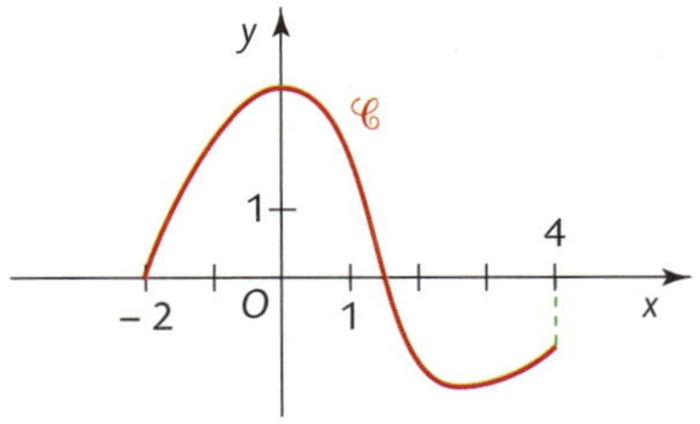

1. À partir de l'observation du graphique, on peut dire que :

a) $f(1) < 0$ **b)** $f(2) > 0$ **c)** $f(0) > 0$

2. À partir de l'observation du graphique, on peut dire que :

a) $f(-2) > 0$ **b)** $f(3) < 0$ **c)** $f(4) = 0$

Point méthode

$\mathscr{C}$ est la courbe représentative d'une fonction f. Pour résoudre graphiquement l'inéquation $f(x) > 0$:

- On repère, s'ils existent, les points où $\mathscr{C}$ coupe l'axe des abscisses et on lit leurs abscisses.
- On repère les points M de $\mathscr{C}$ situés au-dessus de l'axe des abscisses.

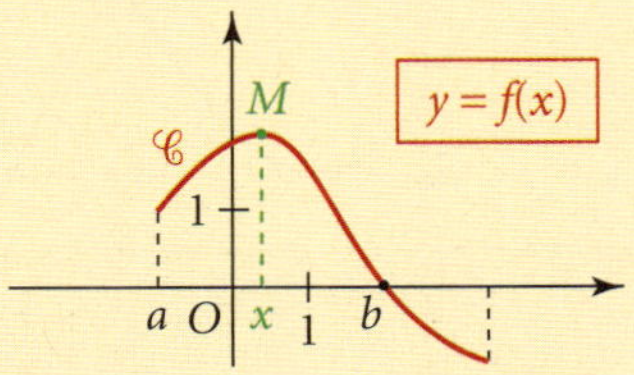

Solutions de l'inéquation $f(x) > 0$:
L'ensemble des nombres x tels que $a \leqslant x < b$.

9 $\mathscr{C}$ est la courbe représentative d'une fonction f définie sur l'intervalle $[0 ; 6]$.

1. Lire sur le graphique les valeurs de $f(1)$ et de $f(5)$.

2. Résoudre graphiquement l'inéquation $f(x) > 0$.

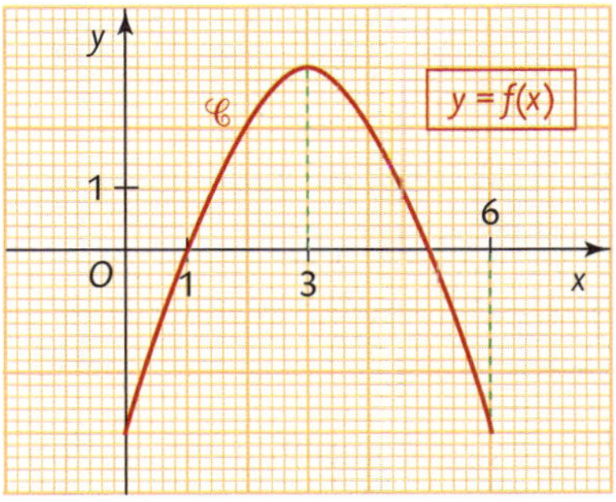

Corrigé

1. On lit : $f(1) = 0$; $f(5) = 0$.

2. Le point M de $\mathscr{C}$ d'abscisse x est au-dessus de l'axe des abscisses si $1 < x < 5$.

Les solutions de l'inéquation $f(x) > 0$ sont tous les nombres x tels que $1 < x < 5$;

l'ensemble des solutions est l'intervalle $]1 ; 5[$.

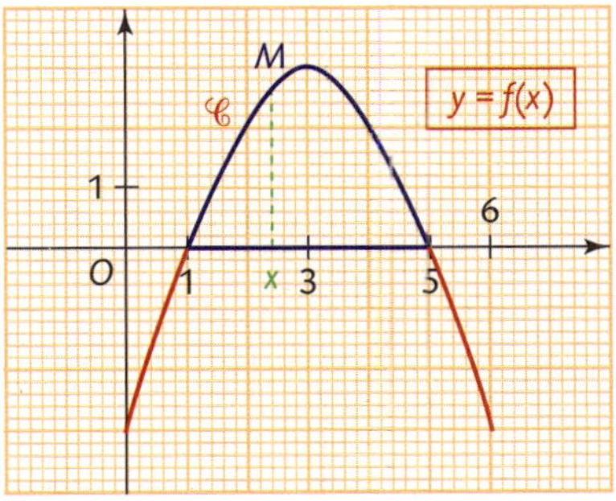

10 La courbe $\mathscr{C}$ est la courbe représentative d'une fonction f définie sur l'intervalle $[0 ; 4]$.

1. Lire sur le graphique les abscisses des points où $\mathscr{C}$ coupe l'axe des abscisses.

2. Résoudre graphiquement l'inéquation $f(x) > 0$.

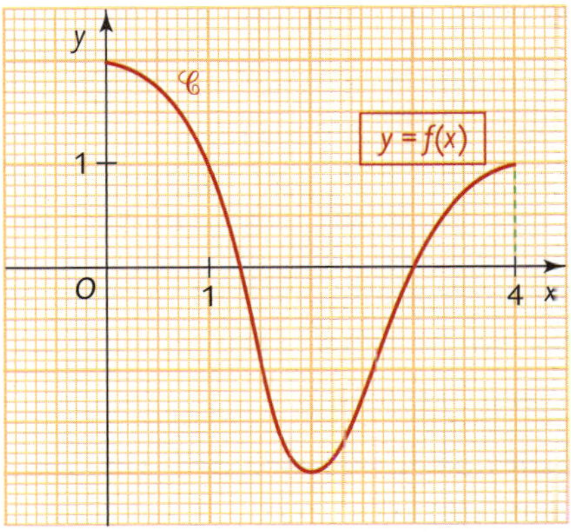

11 Le plan est rapporté à un repère orthonormal d'unité graphique 1 cm.

1. Tracer la droite d'équation $y = 2x + 1$.

2. Résoudre graphiquement l'inéquation $2x + 1 > 0$.

3. Retrouver par le calcul le résultat obtenu à la question précédente.

12 Le plan est rapporté à un repère orthonormal d'unité graphique 1 cm.

1. Tracer la représentation graphique de la fonction affine $f : x \mapsto -2x + 3$.

2. Résoudre graphiquement l'inéquation $f(x) > 0$.

3. Résoudre par le calcul l'inéquation $-2x + 3 > 0$.

13 La courbe $\mathscr{C}$ est la courbe représentative d'une fonction f définie sur l'intervalle $[-2 ; 4]$.

1. Pour quelles valeurs de x a-t-on $f(x) = 0$? $f(x) = 2$?

2. Résoudre graphiquement l'inéquation $f(x) > 0$.

3. Résoudre graphiquement l'inéquation $f(x) < 0$.

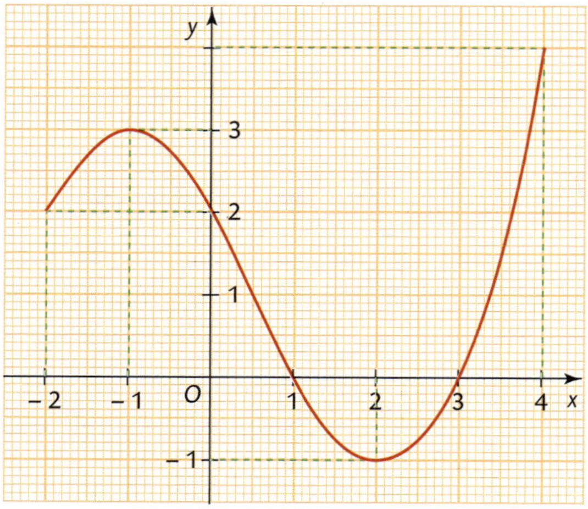

14 On considère la fonction f définie sur l'intervalle $[-1 ; 5]$ par $f(x) = -x^2 + 4x$.

1. Sur l'écran de la calculatrice graphique, tracer la courbe représentative $\mathscr{C}$ de f.
Fenêtre : $X_{min} = -1$; $X_{max} = 5$; pas = 1 ;
$Y_{min} = -6$; $Y_{max} = 6$; pas = 1.

2. a) Lire sur le graphique les abscisses des points d'intersection de $\mathscr{C}$ et de l'axe des abscisses.
b) Calculer $f(0)$ et $f(4)$.

3. À partir de l'observation de la figure, résoudre l'inéquation $f(x) > 0$.

15 f est la fonction définie sur l'intervalle $[-2{,}5 ; 2{,}5]$ par $f(x) = x^3 - 4x$.

1. Tracer sur l'écran de la calculatrice graphique la courbe représentative $\mathscr{C}$ de f.
Fenêtre : $X_{min} = -2{,}5$; $X_{max} = 2{,}5$; pas = 1 ;
$Y_{min} = -6$; $Y_{max} = 6$; pas = 1.

2. a) Par lecture graphique, résoudre l'équation $f(x) = 0$.
b) Calculer $f(-2)$; $f(2)$.

3. À partir de l'observation de la figure, donner l'ensemble des solutions de l'inéquation $f(x) > 0$.

16 On considère la fonction f définie sur l'intervalle $[-0{,}5 ; 2{,}5]$ par $f(x) = x^3 - 3x^2 + 2x$.

1. Sur l'écran de la calculatrice graphique, tracer la courbe représentative de f.
Fenêtre : $X_{min} = -0{,}5$; $X_{max} = 2{,}5$; pas = 1 ;
$Y_{min} = -2$; $Y_{max} = 2$; pas = 1.

2. a) Par lecture graphique, résoudre l'équation $f(x) = 0$.
b) Calculer $f(0)$, $f(1)$, $f(2)$.

3. Résoudre graphiquement l'inéquation $f(x) > 0$.

➥ Inéquation de la forme $f(x) \geqslant g(x)$

QCM

Pour chaque question, une seule réponse est exacte. Indiquer laquelle.
$\mathscr{C}_f$ est la courbe représentative d'une fonction f ;
$\mathscr{C}_g$ est la courbe représentative d'une fonction g.
À partir de l'observation de la figure, répondre aux questions suivantes.

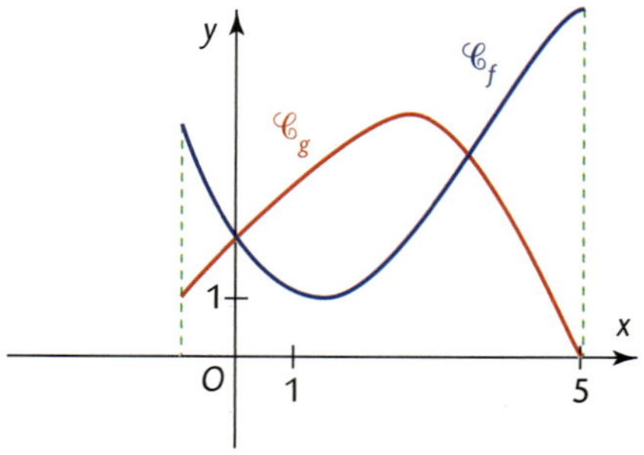

1. On a :

a) $f(0) > g(0)$ **b)** $f(0) < g(0)$ **c)** $f(0) = g(0)$

▸▸▸

2. On a :

a) $f(1) > g(1)$ **b)** $f(1) < g(1)$ **c)** $f(1) = g(1)$

3. On a :

a) $f(5) < g(5)$ **b)** $f(5) = g(5)$ **c)** $f(5) > g(5)$

Point méthode

$\mathscr{C}_f$ et $\mathscr{C}_g$ sont les courbes représentatives des fonctions f et g.

Pour résoudre graphiquement l'inéquation $f(x) \geqslant g(x)$:

- On repère, s'ils existent, les points communs à $\mathscr{C}_f$ et $\mathscr{C}_g$ et on lit leurs abscisses.
- On repère les points M de $\mathscr{C}_f$ situés au-dessus de $\mathscr{C}_g$ (M au-dessus de N).

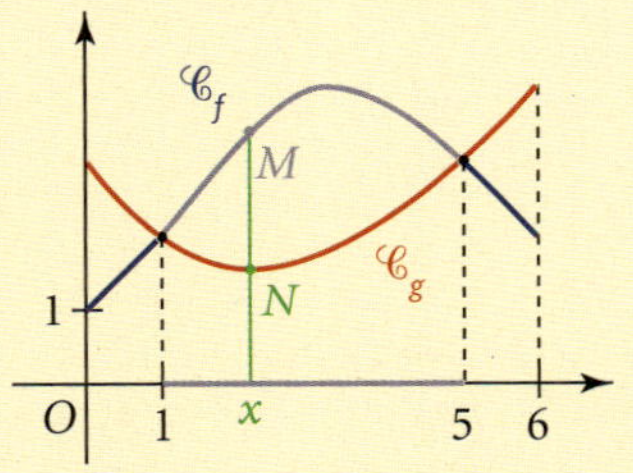

Solutions de l'inéquation $f(x) \geqslant g(x)$: l'ensemble des nombres x tels que $1 \leqslant x \leqslant 5$.

17 $\mathscr{C}_f$ et $\mathscr{C}_g$ sont les courbes représentatives de deux fonctions f et g définies sur l'intervalle $[0 ; 4]$. Résoudre graphiquement l'inéquation $f(x) \geqslant g(x)$.

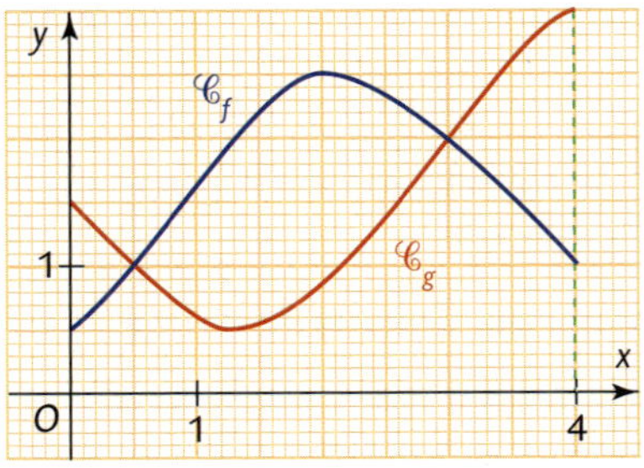

Corrigé

- On observe que les points communs à $\mathscr{C}_f$ et à $\mathscr{C}_g$ sont les points M_1 et M_2 d'abscisses 0,5 et 3, donc pour $x = 0{,}5$ et pour $x = 3$ on a $f(x) = g(x)$.
- On observe que M est au-dessus de N pour tout x tel que $0{,}5 < x < 3$, donc pour tout x tel que $0{,}5 < x < 3$ on a $f(x) > g(x)$.

Les solutions de l'inéquation $f(x) \geqslant g(x)$ sont tous les nombres x tels que $0{,}5 \leqslant x \leqslant 3$, c'est-à-dire tous les nombres x de l'intervalle $[0{,}5 ; 3]$.

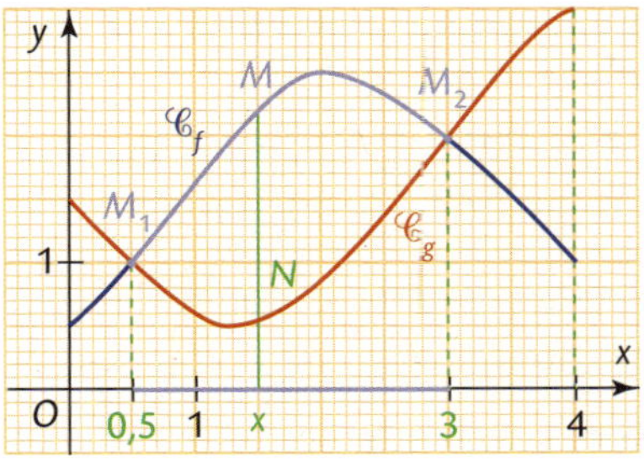

18 **1.** Dans un repère orthonormal d'unité graphique 1 cm, tracer :

a) la représentation graphique $\mathscr{D}$ de la fonction affine $f : x \mapsto x + 1$;

b) la représentation graphique $\mathscr{D}'$ de la fonction affine $g : x \mapsto -x + 3$.

2. Résoudre graphiquement l'inéquation $f(x) \geqslant g(x)$.

3. Résoudre par le calcul l'inéquation $f(x) \geqslant g(x)$.

19 **1.** Sur l'écran d'une calculatrice graphique, tracer les courbes représentatives des fonctions f et g définies sur l'intervalle $[0 ; 4]$ par $f(x) = \sqrt{x}$ et $g(x) = x$.

Fenêtre : $X_{min} = 0$; $X_{max} = 4$; pas = 1 ;
$Y_{min} = 0$; $Y_{max} = 4$; pas = 1.

2. En utilisant le tracé obtenu, résoudre sur l'intervalle $[0 ; 4]$:

a) l'inéquation $f(x) \geqslant g(x)$;

b) l'inéquation $g(x) \geqslant f(x)$.

20 Sur l'écran d'une calculatrice graphique, on a tracé les courbes représentatives des fonctions f et g définies sur $]0 ; 4]$ par $f(x) = \dfrac{1}{x}$ et $g(x) = x$.

Le point ⊞ est le point de coordonnées $(1 ; 1)$.

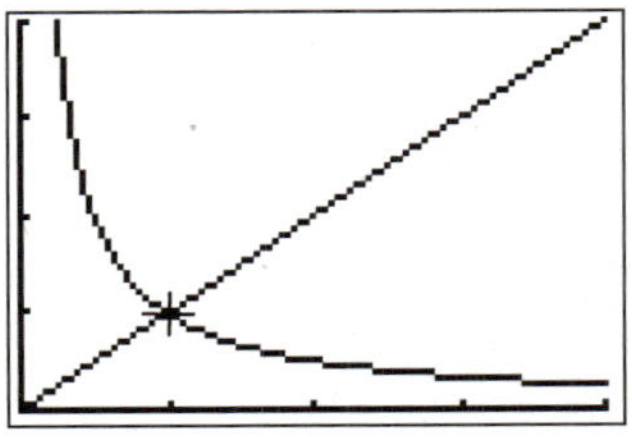

1. Résoudre sur $]0 ; 4]$ l'inéquation $\dfrac{1}{x} \geqslant x$.

2. Résoudre sur $]0 ; 4]$ l'inéquation $x \geqslant \dfrac{1}{x}$.

21 **1.** Sur l'écran d'une calculatrice graphique, tracer les courbes représentatives des fonctions f et g définies sur l'intervalle $[0\,;\,5]$ par $f(x) = x + 1$ et $g(x) = x^2 - 4x + 5$.
Fenêtre : $X_{min} = 0$; $X_{max} = 5$; pas = 1 ;
$Y_{min} = 0$; $Y_{max} = 10$; pas = 1.

2. a) Par lecture graphique, donner les coordonnées des points communs aux deux courbes.

b) Résoudre graphiquement sur l'intervalle $[0\,;\,5]$ l'inéquation $f(x) \geqslant g(x)$.

22 La courbe $\mathscr{C}$ est la courbe représentative d'une fonction f définie sur l'intervalle $[-1\,;\,3{,}5]$.
La droite $\mathscr{D}$ est la représentation graphique d'une fonction linéaire g.

1. Donner l'expression $g(x)$ de la fonction g.

2. Résoudre graphiquement sur $[-1\,;\,3{,}5]$ l'inéquation $f(x) \geqslant x$.

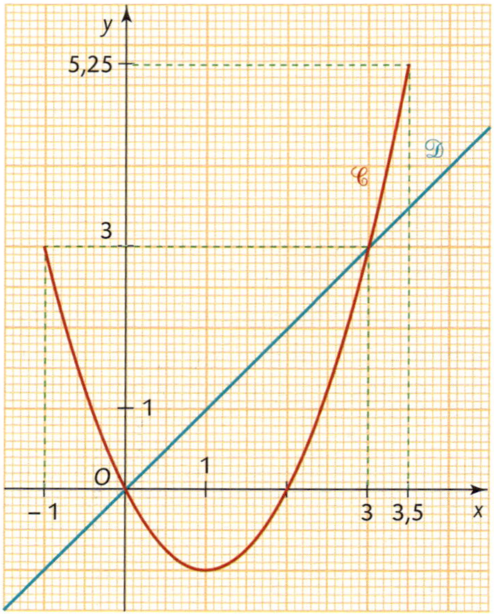

Problèmes

*, **, *** : niveau de difficulté du problème C : problème corrigé (voir solution page 134).

23 ** On considère les fonctions f et g définies sur l'intervalle $[0\,;\,4]$ par $f(x) = x^2$ et $g(x) = -2x$.

1. a) Indiquer le sens de variation sur $[0\,;\,4]$ de chacune des fonctions f et g.

b) Peut-on, en utilisant un résultat donné dans L'essentiel page 84, en déduire le sens de variation sur $[0\,;\,4]$ de la fonctions $h = f + g$?

2. a) Sur l'écran d'une calculatrice graphique, tracer la courbe représentative sur $[0\,;\,4]$ de la fonction $h = f + g$.
Indication : sur $[0\,;\,4]$, $h(x) = x^2 - 2x$.
Fenêtre : $X_{min} = 0$; $X_{max} = 4$; pas = 1 ;
$Y_{min} = -2$; $Y_{max} = 10$; pas = 1.

b) À partir de l'observation du graphique, dresser le tableau de variation sur $[0\,;\,4]$ de la fonction $h = f + g$.

24 ** Un garage propose à sa clientèle un diagnostic du véhicule.

Première partie. Calculs de coûts

Ce diagnostic induit des frais fixes s'élevant à 120 € par jour et des frais variables s'élevant à 4 € par véhicule traité.
On appelle x le nombre de véhicules par jour qui subissent cette opération. On suppose $2 \leqslant x \leqslant 20$.

1. Exprimer le coût total par jour $C(x)$ en fonction du nombre x de véhicules.

2. Le coût par véhicule, noté $f(x)$, est donné par $f(x) = \dfrac{C(x)}{x}$. Exprimer ce coût en fonction de x.

Deuxième partie. Fonction et inéquation

On considère la fonction f définie sur l'intervalle $[2\,;20]$ par $f(x) = \dfrac{120}{x} + 4$.

1. Recopier et compléter le tableau suivant.

x	2	4	6	8	10	12	16	20
$f(x)$								

2. Dresser le tableau de variation de f.

3. a) Reproduire et compléter le repère donné ci-dessous.

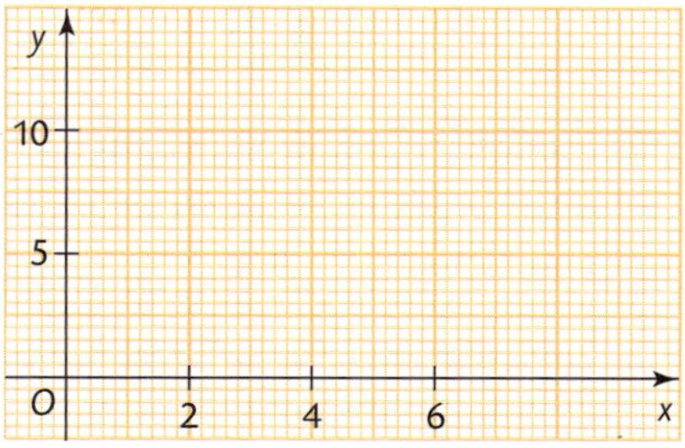

b) Dans le repère obtenu, tracer la courbe représentative de f.

4. a) Dans le même repère, tracer la droite $\mathscr{D}$ d'équation $y = 20$.

b) Résoudre graphiquement l'inéquation $f(x) \leqslant 20$.

Troisième partie. Application

Le diagnostic est facturé 20 € par véhicule. Il sera dit « rentable » si le prix facturé au client est supérieur au coût par véhicule. Déterminer le nombre de véhicules minimum pour satisfaire cette condition.

25 ** Concevoir un produit

Un bijoutier fabrique des colliers et vend toute sa production.
Le bénéfice obtenu par la vente de x colliers est, en euros, donné par $B(x) = -0{,}6x^2 + 66x - 600$.

Première partie. Résolution graphique d'une inéquation

On considère la fonction f définie sur l'intervalle $[0\,;100]$ par $f(x) = -0{,}6x^2 + 66x - 600$.

1. Sur l'écran de la calculatrice graphique, tracer la courbe représentative de la fonction f.
Fenêtre : $X_{min} = 0$; $X_{max} = 120$; pas = 10 ;
$Y_{min} = -700$; $Y_{max} = 1\,600$; pas : 100.

2. Résoudre graphiquement l'inéquation $f(x) \geqslant 0$.

3. À l'aide de la fonction trace, déterminer les coordonnées du point « le plus haut » de la courbe.

Deuxième partie. Application

Pour le bijoutier, une fabrication est rentable si le bénéfice réalisé est strictement positif.
En utilisant les résultats obtenus dans la première partie, déterminer :

a) les nombres de colliers fabriqués pour lesquels la fabrication est rentable ;

b) le nombre de colliers fabriqués pour lequel le bijoutier réalise le bénéfice maximal.

26 ***

L'entreprise Outilis fabrique des machines outils. Elle veut étudier la rentabilité de sa production.
– q est le nombre d'articles produits (q entier compris entre 0 et 20).
– Les coûts de production, en k€, sont donnés en fonction de q par : $P(q) = 2q^2 - 26q + 102$.
– Les chiffres d'affaires, en k€, sont donnés en fonction de q par : $C(q) = 14q$.
1 k€ = 1 000 €.

Première partie. Calculs numériques

Pour une production donnée, la production est rentable si le chiffre d'affaires est supérieur au coût de production.
Pour chacune des productions suivantes, calculer le chiffre d'affaires et le coût de production, puis indiquer si cette production est rentable.

a) Production de 8 machines.

b) Production de 19 machines.

Deuxième partie. Résolution d'une inéquation

On considère les fonctions f et g définies sur l'intervalle $[0\,;20]$ par :
$f(x) = 14x$ et $g(x) = 2x^2 - 26x + 102$

1. Sur l'écran de la calculatrice graphique, tracer :
– la courbe représentative de f ;
– la courbe représentative de g.
Fenêtre : $X_{min} = 0$; $X_{max} = 20$; pas = 1 ;
$Y_{min} = -50$; $Y_{max} = 400$; pas = 50.

2. Déterminer à l'aide de la fonction trace et des flèches ◀ ▶, une valeur approchée des coordonnées des points d'intersection A et B des deux courbes.

3. Calculer $f(3)$ et $g(3)$; $f(17)$ et $g(17)$.
Interpréter le résultat obtenu.

4. À partir de la figure obtenue et en utilisant les résultats précédents, résoudre sur l'intervalle $[0 ; 20]$ l'inéquation $f(x) \geqslant g(x)$.

Troisième partie. Application

En utilisant les résultats dans la deuxième partie, indiquer pour combien de machines outils fabriquées la production est rentable.

27 *** L'entreprise de confection

Modpro fabrique des blousons pour homme.
On se propose d'étudier les quantités de blousons qu'il faut vendre pour que le bénéfice satisfasse certaines contraintes.

Les deux parties peuvent être traitées de façon indépendante.

Première partie. Calculs numériques

Le tableau suivant donne, pour certaines productions, le coût total de production en euros.

Nombre de blousons : n	10	30	50	70	80
Coût de production en € : $C(n)$	1 650	3 150	5 850	9 750	12 150

Quelle que soit la quantité produite, le prix de vente hors taxe d'un blouson est fixé à 180 €.

1. On considère une production de 50 blousons.

a) Calculer le montant hors taxe de la vente de 50 blousons.

b) On rappelle que le bénéfice représente la différence entre le montant des ventes et le coût de production pour une quantité donnée.
Calculer alors le bénéfice réalisé.

2. Reproduire et compléter le tableau suivant.

Nombre de blousons : n	Montant des ventes HT en € : $V(n)$	Coût de production en € : $C(n)$	Bénéfice réalisé en € : $B(n)$
10	1 800	1 650	
30		3 150	2 250
50		5 850	
70	12 600	9 750	2 850
80	14 400	12 150	2 250

3. Dans cette question, on se place dans le cas général de la fabrication et de la vente de n blousons.

a) Exprimer le montant total $V(n)$ des ventes hors taxes en fonction du nombre n de blousons vendus.

b) Le coût de production total $C(n)$, en euros, de n blousons est donné par l'expression :
$C(n) = 1{,}5n^2 + 15n + 1\,350$ pour $10 \leqslant n \leqslant 80$.
Exprimer le bénéfice $B(n)$ réalisé en fonction du nombre n de blousons vendus, sachant que $B(n) = V(n) - C(n)$.

Deuxième partie. Résolution graphique d'une inéquation

On considère la fonction f définie sur l'intervalle $[10 ; 80]$ par $f(x) = -1{,}5x^2 + 165x - 1\,350$.

1. Sur l'écran de la calculatrice graphique, tracer :

a) la courbe représentative de f ;

b) la droite d'équation $y = 3\,000$;
Fenêtre : $X_{min} = 10$; $X_{max} = 80$; pas = 1 ;
$Y_{min} = 100$; $Y_{max} = 4\,000$; pas = 50.

2. a) Résoudre graphiquement l'équation $f(x) = 3\,000$.
On donnera, en utilisant la fonction trace et les flèches ◀ et ▶, la valeur arrondie à l'unité des solutions x_1 et x_2 de cette équation ; on suppose $x_1 < x_2$.

b) Résoudre graphiquement l'inéquation $f(x) \geqslant 3\,000$.

3. *Application.*
En utilisant les résultats précédents, indiquer les nombres n de blousons pour lesquels le bénéfice est supérieur ou égal à 3 000 euros.
On rappelle que n est un nombre entier.

28 *** Protéger la planète

L'ozone est un polluant qui provient indirectement de la circulation automobile : il résulte d'une réaction qui consomme le dioxyde d'azote.
Des études ont montré que, au cours d'une journée, entre 9 h et 21 h, la concentration en ozone au centre d'une ville est donnée par la relation :
$C(t) = -0{,}7t^2 + 21t - 86$ où t est le temps, en heure, et où $C(t)$ est la concentration en µg/m^3 (microgramme par mètre cube) à l'instant t.
On considère la fonction f définie sur l'intervalle [9 ; 21] par :

$$f(x) = -0{,}7x^2 + 21x - 86.$$

1. Recopier et compléter, à l'aide de la calculatrice, la table de valeurs de f.
On pourra, si besoin, consulter le point méthode page 67.

x	9	11	13	15	17	19	21
$f(x)$							

2. Tracer, sur l'écran de la calculatrice graphique :
a) la courbe représentative de f ;
b) la droite d'équation $y = 65$.
Fenêtre : $X_{min} = 9$; $X_{max} = 21$; pas = 1 ;
$Y_{min} = 0$; $Y_{max} = 100$; pas = 10.

3. À l'aide de la fonction trace et des flèches ◄ ►, résoudre l'inéquation $f(x) \geqslant 65$.

4. La fonction f admet un maximum sur l'intervalle [9 ; 21].
À l'aide de la fonction trace, indiquer :
– la valeur de ce maximum ;
– la valeur de x pour laquelle il est atteint.

5. *Exploitation.*
L'UE impose comme seuil de protection de la végétation une concentration en ozone de 65 µg/m^3.
a) À quelles heures la concentration en ozone est-elle égale à 65 µg/m^3 (arrondir à l'unité) ?
b) Déterminer la plage horaire pour laquelle le seuil de protection de la végétation est dépassé.
c) À quelle heure la concentration en ozone est-elle maximale ? Quelle est cette concentration maximale ?

29 ** Gérer un stock

L'entreprise PROSTOCK, spécialisée dans le stockage de palettes, propose deux modes différents de tarification journalière pour un nombre de palettes supérieur à 5.
Tarif 1 : 2 euros par palette.
Tarif 2 : le montant, en euros, est donné par la formule $\frac{800}{n}$ où n est le nombre de palettes.

Première partie. Calcul du coût de stockage avec le tarif 1

On note C_1 le coût de stockage calculé à partir du tarif 1.

1. Calculer le coût de stockage C_1 pour 10 palettes, pour 30 et 50 palettes.

2. Exprimer le coût de stockage C_1 en fonction du nombre n de palettes.

Deuxième partie. Étude de fonctions

On considère les fonctions f et g définies sur l'intervalle [5 ; 50] par $f(x) = 2x$ et $g(x) = \frac{800}{x}$.

1. a) Indiquer le sens de variation de f. Justifier la réponse.
b) On sait que la fonction h définie sur [5 ; 50] par $x \mapsto \frac{1}{x}$ est décroissante. En déduire le sens de variation de g.

2. a) À l'aide du logiciel GeoGebra, tracer pour x variant de 5 à 50 les courbes représentatives des fonctions f et g.
– Entrer `Fonction [2x, 5, 50]` et `Fonction [800/x, 5, 50]` dans la plage de saisie.
– Créer le point d'intersection A des deux courbes avec le menu du deuxième bouton.

– Utiliser la roulette de la souris pour redimensionner les échelles sur les axes.

b) En observant le graphique et les coordonnées du point A dans la fenêtre algèbre, résoudre graphiquement sur l'intervalle [5 ; 50] :
– l'inéquation $f(x) \geqslant g(x)$;
– l'inéquation $f(x) \leqslant g(x)$.

Troisième partie. Application

Indiquer le tarif à choisir pour avoir le coût le plus faible :

a) pour 12 palettes ;

b) pour 34 palettes.

30 *** Le gérant d'un centre de remise en forme estime que :
– pour des raisons de sécurité, le nombre maximum d'abonnements annuels qu'il peut vendre est de 600.
– Le prix d'un abonnement annuel est fixé à 320 euros.
– Le coût de fonctionnement $C(n)$, en euros, s'exprime, en fonction du nombre n d'abonnements vendus, par la relation :

$$C(n) = 0{,}06n^2 + 114n + 42\,000.$$

On se propose d'étudier la rentabilité du centre.

Première partie. Calculs

1. Calculer la recette et le coût de fonctionnement pour 200 abonnements annuels vendus.

2. Le centre de remise en forme est-il rentable pour 200 abonnements annuels vendus ? Justifier la réponse.

3. On note $R(n)$ la recette réalisée par le gérant pour n abonnements annuels vendus. Exprimer $R(n)$ en fonction de n.

Deuxième partie. Résolution graphique d'une inéquation

Dans cette partie, on utilisera le logiciel GeoGebra.
On considère les fonctions f et g définies sur l'intervalle [0 ; 600] par $f(x) = 0{,}06x^2 + 114x + 42\,000$ et $g(x) = 320x$.

1. Tracer pour x variant de 0 à 600 les courbes représentatives des fonctions f et g.
– Saisir `Fonction [0.06x^2+114x+42000,0,600]` et `Fonction [320x,0,600]`.
– Utiliser la roulette de la souris pour redimensionner les échelles sur les axes et faire apparaître les deux courbes.
– Après un clic droit sur la zone graphique, choisir « 1 : 200 » dans le menu axe X : axe Y.
– Sélectionner la croix du dernier bouton, puis déplacer la souris, clic gauche actionné, pour centrer la courbe sur la zone graphique.

2. Créer le point d'intersection A des deux courbes avec le menu du deuxième bouton.

3. À l'aide des représentations graphiques et des coordonnées du point A dans la fenêtre algèbre, résoudre sur l'intervalle [0,600] l'équation $f(x) \leqslant g(x)$.

4. En utilisant le résultat de la question précédente, indiquer le nombre minimum d'abonnements annuels à vendre pour que le centre de mise en forme soit rentable.

31 *** **Prendre soin de soi**

Un laboratoire de recherche propose diverses crèmes de protection solaire.
L'efficacité de ces crèmes est donnée par l'indice de protection IP mentionné sur chaque flacon.
L'indice de protection IP est lié au taux de protection T.
Par exemple, une crème d'indice de protection IP = 20 laisse passer $\frac{1}{20}^{e}$ (un vingtième) des rayons UVB soit 5 % ; elle arrête donc 95 % des rayons UVB.
Plus généralement, la relation liant le taux de protection T, exprimé en pourcentage, et l'indice de protection IP est :

$$T = 100 - \frac{100}{\text{IP}}.$$

Première partie. Étude de la protection d'une crème

L'indice IP d'une crème doit être de 40 au minimum lorsque la puissance du soleil est élevée.

1. Un adulte utilise une crème d'indice IP = 16.
Quel est le taux de protection T, exprimé en pourcentage, de cette crème ?

2. Un enfant utilise une crème arrêtant 97,5 % des rayons UVB.
Quel est l'indice IP de cette crème ?

Deuxième partie

On considère la fonction f définie sur l'intervalle $[10 ; 60]$ par $f(x) = 100 - \frac{100}{x}$.

1. À l'aide du logiciel GeoGebra, tracer la courbe représentative de la fonction f sur l'intervalle $[10 ; 60]$.
– Saisir `Fonction [100 – 100/x, 10, 60]`.
– Utiliser la roulette de la souris pour redimensionner les échelles sur les axes jusqu'à voir apparaître la courbe.

2. On se propose de résoudre l'équation $f(x) = 97$.

a) Tracer la droite d'équation $y = 97$ en entrant l'équation dans la fenêtre de saisie.

b) Créer le point d'intersection A de la courbe obtenue à la question précédente et de la droite avec le menu du deuxième bouton.

c) Relever les coordonnées de A dans la fenêtre algèbre, puis donner une valeur approchée à l'unité de la solution de l'équation $f(x) = 97$.

3. Par une méthode analogue à celle utilisée à la question **2**, résoudre :

a) l'équation $f(x) = 93$;

b) l'équation $f(x) = 96$.

On donnera dans chaque cas la valeur arrondie à l'unité de la solution.

4. En déduire, à partir des résultats de la question précédente et de l'observation de la figure obtenue, les valeurs de x pour lesquelles $f(x)$ est compris entre 93 et 96.

Troisième partie. Application

1. Pour un adulte, un taux de protection compris entre 93 % et 96 % est conseillé.
Indiquer dans quel intervalle doit se situer l'indice de protection.

2. Pour un enfant, un taux de protection de 97 % est conseillé.
Indiquer l'indice IP correspondant.

avec l'ordinateur

Activité 1 Points communs aux courbes représentatives de deux fonctions à l'aide de GeoGebra

• Entrer dans la fenêtre de saisie g(x)=2x+3, puis h(x)=4/x pour tracer les courbes de ces deux fonctions.

• Créer les points d'intersection A et B de ces deux courbes.

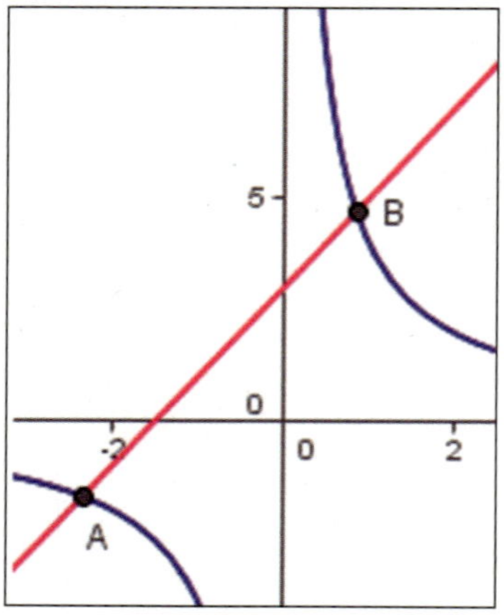

→ On désigne par a l'abscisse du point A et b celle du point B. Comparer $g(a)$ et $h(a)$ puis $g(b)$ et $h(b)$.

→ D'une façon générale, lorsque les courbes représentatives de deux fonctions g et h ont un point commun C, d'abscisse x, que peut-on dire de $g(x)$ et $h(x)$?

Activité 2 Résolution graphique approchée d'une inéquation à l'aide de GeoGebra

On veut résoudre de deux manières différentes plusieurs inéquations de la forme $cx^2 \leqslant ax + b$, où a, b et c sont trois nombres réels.

1 Première méthode : en utilisant deux fonctions

• Entrer les trois nombres a=1 puis b=1 puis c=1 dans la fenêtre de saisie (dans la fenêtre algèbre un clic sur le cercle affiche ou fait disparaître le curseur de la variable).

• Dans la fenêtre de saisie, entrer f(x)=c*x^2, puis g(x)=a*x+b pour tracer les courbes représentatives de ces deux fonctions.

• Créer les points A et B, points d'intersection des deux courbes précédentes avec l'outil approprié.

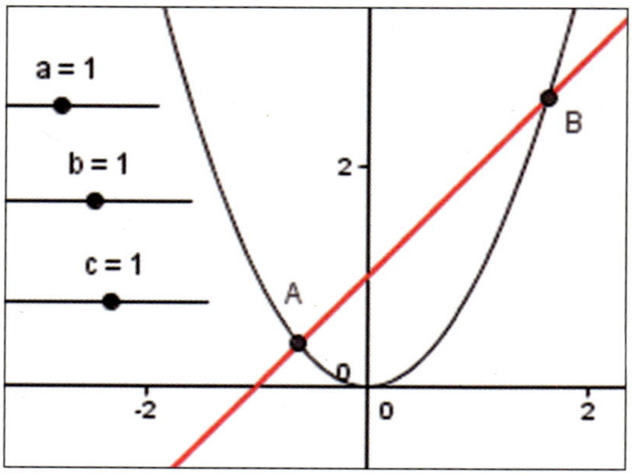

→ En utilisant les renseignements fournis par la fenêtre algèbre, résoudre l'inéquation $x + 1 \geqslant x^2$. Donner l'intervalle contenant les solutions. Les bornes de celui-ci seront données à 0,01 puis à 0,001 près.
Indiquer les solutions entières de cette inéquation. Vérifier ces résultats par le calcul.

→ En modifiant à l'aide du curseur les nombres a, b et c, résoudre l'inéquation $-x - 3 \geqslant -x^2$. Donner l'intervalle contenant les solutions. Les bornes de celui-ci seront données à 0,01 puis à 0,001 près.
Indiquer la plus petite solution entière positive, la plus grande solution entière négative et pour ces deux valeurs, vérifier par le calcul.

2 Deuxième méthode : en utilisant une seule fonction

- Effacer les deux fonctions précédentes puis saisir la nouvelle fonction : `f(x)=cx²–ax–b`.

- Après avoir, à l'aide des curseurs, donné la valeur 1 aux trois nombres a, b, c, créer les points d'intersection de la courbe avec l'axe des abscisses.

→ Retrouver alors les résultats obtenus par la première méthode, pour la résolution de l'inéquation $x + 1 \geqslant x^2$.

→ En procédant de la même façon, retrouver les résultats obtenus par la première méthode pour la deuxième inéquation $-x - 3 \geqslant -x^2$.

Activité 3 Somme de deux fonctions à l'aide d'un tableur

On considère les fonctions f et g définies sur l'intervalle [0,2] par $f(x) = x^2 + 1$ et $g(x) = \sqrt{x}$.

On utilise un tableur pour construire un tableau de valeurs :

- saisir en gras les textes **x**, **f(x)**, **g(x)**, et **(f+g)(x)** dans les cellules A1, A2, A3 et A4.

- Saisir 0 dans la cellule B1 et `=B1+0,2` dans la cellule C1 que l'on étend jusqu'en L1.

- Saisir `=B1^2+1` dans la cellule B2 que l'on étend jusqu'en L2.

- Saisir `=B1^0,5` dans la cellule B3 que l'on étend jusqu'en L3.

- Saisir `=B2+B3` dans la cellule B4 que l'on étend jusqu'en L4.

→ En s'aidant de ce tableau de valeurs, que peut-on dire sur le sens de variation des fonctions f, g et $f + g$ sur l'intervalle [0 ; 2] ?

On va maintenant tracer les représentations graphiques de ces fonctions.

- Cliquer sur la cellule A13 puis sélectionner l'onglet ***graphique*** du menu ***insertion***.

- Dans la fenêtre qui s'ouvre, choisir ***nuage de points reliés par une courbe lissée*** puis cliquer sur le bouton ***suivant*** dans le bas de cette même fenêtre. Sélectionner alors la zone de cellules contenant le tableau de valeurs en déplaçant la souris (clic gauche activé) de la cellule A1 à la cellule L4. Cliquer enfin sur ***terminer***.

- En positionnant le curseur de la souris sur un point, ses coordonnées apparaissent ; ici par exemple, le point de la courbe de la fonction g de coordonnées $x = 1{,}4$ et $y = 1{,}18$.

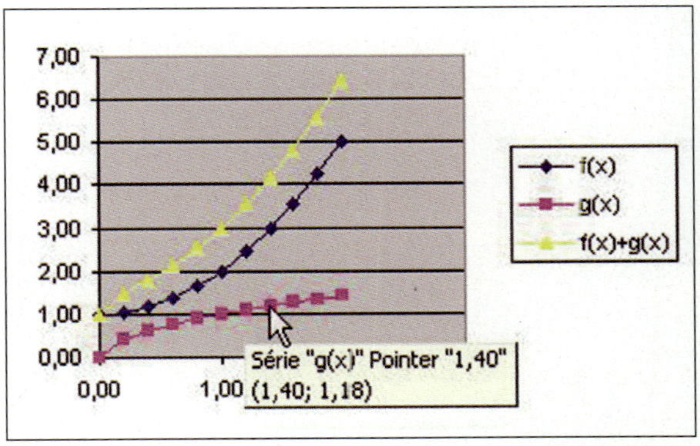

→ Utiliser cette fonctionnalité pour donner les ordonnées des points de la courbe de la fonction $f + g$ d'abscisse 0,4 ; 0,6 ; 1 ; 1,6 ; 2. Vérifier vos résultats à l'aide du tableau de valeurs.

→ Quelle est, en fonction de $f(x)$ et $g(x)$, l'ordonnée du point d'abscisse x de la courbe de la fonction $f + g$?

- On remplace maintenant la fonction $g(x) = \sqrt{x}$ par la fonction $g(x) = -2x + 4$. Pour cela saisir `=–2*x+4` dans la cellule B3 puis étendre celle-ci jusqu'en L3.

→ En étudiant le nouveau tableau de valeurs et les courbes du graphique, peut-on encore prédire le sens de variation de la fonction $f + g$ sur l'intervalle [0 ; 2] ?

Chapitre 6
Second degré

Investigation

Les courbes décrites par ces jets d'eau sont-elles les mêmes ?

Courbes décrivant les trajectoires des jets d'eau

Activité 1 Comment résoudre une équation du second degré ?

Première partie. Étude graphique

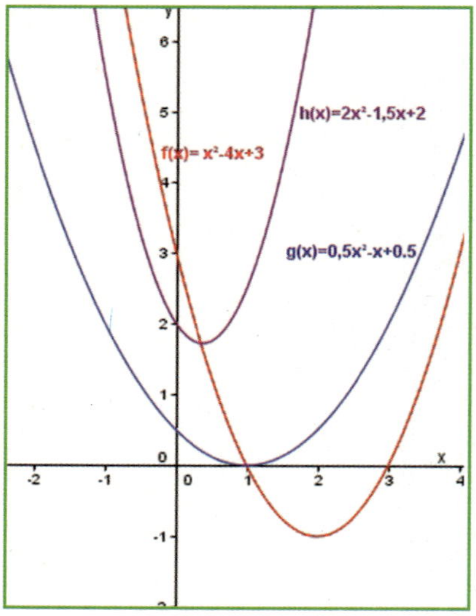

Avec un traceur de courbes, on a réalisé la représentation graphique de trois fonctions du second degré dans un repère orthogonal. La capture d'écran ci-contre a été effectuée pour x compris entre – 2,5 et 4 et pour y compris entre – 2 et 6,5.

La courbe $\mathcal{C}_1$ est la courbe représentative de la fonction f définie, pour tout nombre réel x, par $f(x) = x^2 - 4x + 3$.

La courbe $\mathcal{C}_2$ est la courbe représentative de la fonction g définie, pour tout nombre réel x, par $g(x) = 0{,}5x^2 - x + 0{,}5$.

La courbe $\mathcal{C}_3$ est la courbe représentative de la fonction h définie, pour tout nombre réel x, par $h(x) = 2x^2 - 1{,}5x + 2$.

En utilisant le graphique, **résoudre** les équations suivantes :

a) $x^2 - 4x + 3 = 0$; b) $0{,}5x^2 - x + 0{,}5 = 0$; c) $2x^2 - 1{,}5x + 2 = 0$.

Deuxième partie. Étude algébrique

Les équations précédentes sont de la forme $ax^2 + bx + c = 0$; pour chacune d'elles, on note Δ le nombre défini par $\Delta = b^2 - 4ac$ (Δ se lit « delta »).

1. **Recopier et compléter** le tableau suivant.
Pour compléter la dernière colonne, on utilisera les résultats de la première partie.

	Valeur de a, b et c			Valeur de Δ	Signe de Δ	Nombre de solutions
	a	b	c			
Équation $x^2 - 4x + 3 = 0$						
Équation $0{,}5x^2 - x + 0{,}5 = 0$						
Équation $2x^2 - 1{,}5x + 2 = 0$						

2. Quel lien peut-on observer entre le signe de Δ et le nombre de solutions de l'équation ?

3. En utilisant les formules générales données ci-dessous, **retrouver** pour chaque équation les résultats obtenus dans la première partie.

Formules générales de résolution

Si $\Delta > 0$, deux solutions : $x_1 = \frac{-b-\sqrt{\Delta}}{2a}$; $x_2 = \frac{-b+\sqrt{\Delta}}{2a}$.

Si $\Delta = 0$, une solution : $x = \frac{-b}{2a}$.

Si $\Delta < 0$, pas de solution.

Activité 2 Comment interpréter une courbe représentative d'une fonction du second degré ?

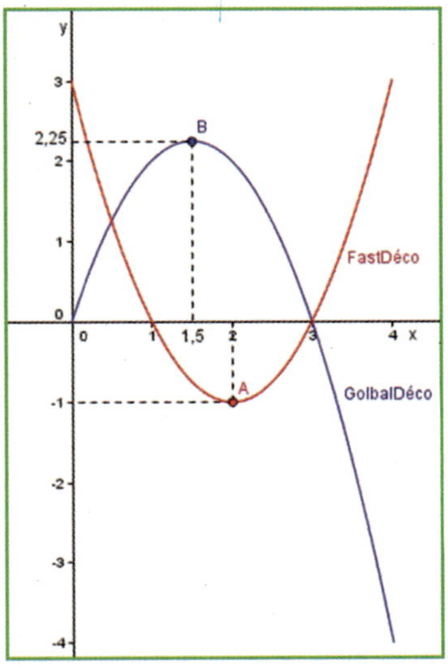

Deux entreprises concurrentes FastDéco et GlobalDéco ont vu leur rentabilité évoluer sur une période de 4 ans.

Sur le graphique ci-contre, on a visualisé :
– la rentabilité de l'entreprise FastDéco (en milliers d'euros) par la courbe représentative de la fonction f, définie pour $0 \leqslant x \leqslant 4$, par $f(x) = x^2 - 4x + 3$;
– la rentabilité de l'entreprise GlobalDéco (en milliers d'euros) par la courbe représentative de la fonction g, définie pour $0 \leqslant x \leqslant 4$, par $g(x) = -x^2 + 3x$.

Première partie. Interprétation graphique

1. a) **Indiquer** sur quel intervalle la fonction f est décroissante, sur quel intervalle la fonction f est croissante.

b) **Vérifier** que le coefficient de x^2 dans l'expression de $f(x)$ est positif et que f admet un minimum.
Préciser la valeur x_A pour laquelle f admet ce minimum $f(x_A)$. **Donner** $f(x_A)$.

2. a) **Indiquer** sur quel intervalle la fonction g est croissante, sur quel intervalle la fonction g est décroissante.

b) **Vérifier** que le coefficient de x^2 dans l'expression de $g(x)$ est négatif et que g admet un maximum.
Préciser la valeur x_B pour laquelle g admet ce maximum $g(x_B)$.
Donner $g(x_B)$.

3. a) **Déterminer** les deux valeurs de x pour lesquelles $f(x) = 0$.

b) Sur quel intervalle la fonction f est-elle strictement négative ?

4. a) **Déterminer** les deux valeurs de x pour lesquelles $g(x) = 0$.

b) Sur quel intervalle la fonction g est-elle strictement positive ?

Deuxième partie. Signe du polynôme $ax^2 + bx + c$

1. a) Quelles sont les solutions de l'équation $x^2 - 4x + 3 = 0$?

b) **Donner** l'intervalle de x pour lequel $x^2 - 4x + 3 < 0$.

2. a) Quelles sont les solutions de l'équation $-x^2 + 3x = 0$?

b) **Donner** l'intervalle de x pour lequel $-x^2 + 3x > 0$.

3. À partir des réponses obtenues aux questions précédentes :

a) **déterminer** la période pendant laquelle l'entreprise FastDéco est déficitaire.

b) **Déterminer** la période pendant laquelle l'entreprise GlobalDéco est bénéficiaire.

Coup de pouce

Quand une entreprise fait des bénéfices, sa rentabilité est positive. Sinon, elle est déficitaire.

L'essentiel

1 Fonction du second degré

Une fonction du second degré est une fonction du type $f(x) = ax^2 + bx + c$. Sa courbe représentative est une **parabole**.

$a > 0$

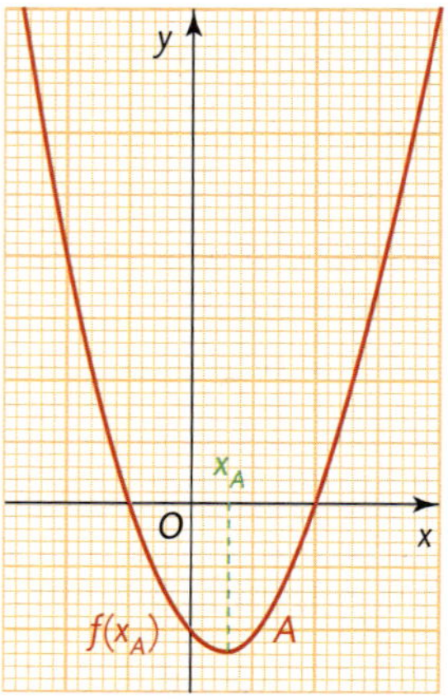

La fonction admet en x_A un **minimum** $f(x_A)$. La parabole est tournée « vers le haut ».

$a < 0$

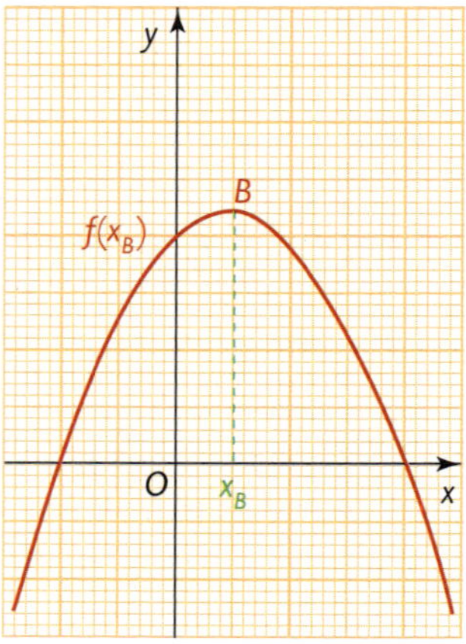

La fonction admet en x_B un **maximum** $f(x_B)$. La parabole est tournée « vers le bas ».

2 Équation du second degré

Une équation du second degré est une équation de la forme $ax^2 + bx + c = 0$ avec $a \neq 0$.

– Le nombre noté Δ (delta) défini par $\Delta = b^2 - 4ac$ est appelé **discriminant** de l'équation.

– Le nombre de solutions de l'équation dépend de la valeur de Δ.

- Si $\Delta > 0$, l'équation a deux solutions :

$$x_1 = \frac{-b-\sqrt{\Delta}}{2a} ; x_2 = \frac{-b+\sqrt{\Delta}}{2a}$$

- Si $\Delta = 0$, l'équation a une solution :

$$x = -\frac{b}{2a}$$

- Si $\Delta < 0$, l'équation n'a pas de solution.

3 Signe du polynôme $ax^2 + bx + c$

Deux cas sont possibles :

- Si l'équation $ax^2 + bx + c = 0$ admet deux solutions distinctes x_1 et x_2, le polynôme est du signe **contraire de *a*** pour tout x compris entre x_1 et x_2.
- Si l'équation $ax^2 + bx + c = 0$ n'admet pas deux solutions distinctes, le polynôme est du **signe de *a*** pour tout réel x

Exercices et Problèmes

Exercices

Fonctions du second degré

QCM

Pour cette question, plusieurs réponses sont possibles. Indiquer lesquelles.
Soit la fonction f définie dans $\mathbb{R}$ par $f(x) = 2x^2 + 3x + 3$.

a) 3 est l'image de 0
b) 1 est un antécédent de 8
c) – 2 est l'image de – 1

Point méthode

Soit $f(x) = ax^2 + bx + c$ définie sur $\mathbb{R}$.
- **Si $a > 0$, alors f admet un minimum.**
- **Si $a < 0$, alors f admet un maximum.**

1 **1.** Soit la fonction $f(x) = x^2 - 3x$. Cette fonction admet-elle un minimum ou un maximum ?

2. Soit la fonction $f(x) = -x^2 + 2x + 1$. Cette fonction admet-elle un minimum ou un maximum ?

Corrigé

1. La fonction est de la forme $f(x) = ax^2 + bx$ avec $a = 1$ et $b = -3$. $a > 0$, donc f admet un minimum.

2. La fonction est de la forme $f(x) = ax^2 + bx + c$ avec $a = -1$, $b = 2$ et $c = 1$. $a < 0$, donc f admet un maximum.

2 Soit la courbe $\mathscr{P}$ représentative d'une fonction f, définie pour tout nombre de l'intervalle $[-1 ; 3]$ par $f(x) = -x^2 + 2x$.

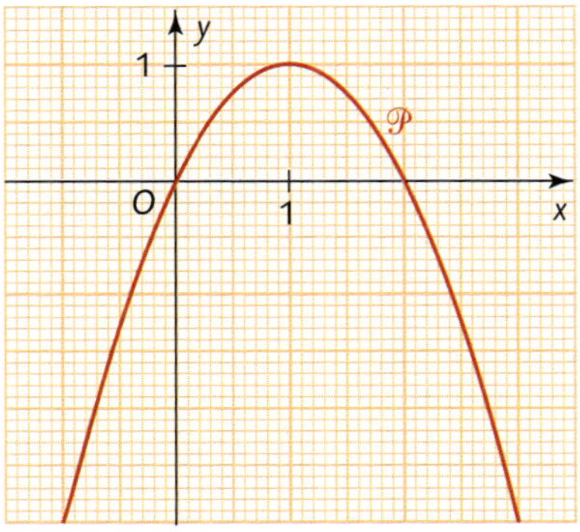

1. La fonction f est de la forme $f(x) = ax^2 + bx + c$.

a) Donner la valeur de chaque coefficient a, b et c.

b) Quel est le signe de a ? En déduire le nom de l'extremum qu'admet la fonction f.

2. En utilisant le graphique :

a) indiquer sur quel intervalle, la fonction f est croissante.

b) Indiquer sur quel intervalle, la fonction f est décroissante.

c) Dire si la fonction admet un extremum, préciser lequel et sa valeur.

3 La fonction f définie par $f(x) = x^2 - 2x - 3$ pour tout nombre réel de l'intervalle $[-2 ; 4]$ est représentée par la courbe $\mathscr{C}$.

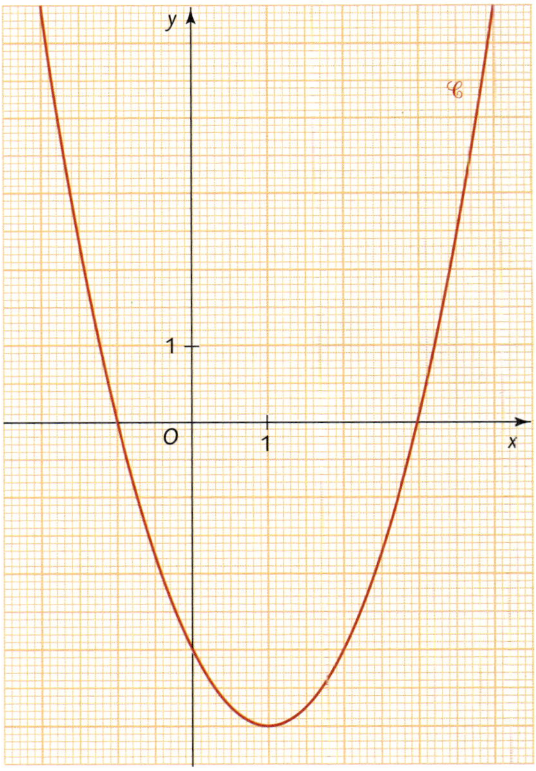

1. La fonction f est de la forme $f(x) = ax^2 + bx + c$.

a) Donner la valeur de a, b et c.

b) Quel est le signe de a ? En déduire le nom de l'extremum qu'admet la fonction f.

2. En utilisant le graphique, déterminer :

a) l'intervalle sur lequel la fonction f est décroissante ;

b) l'intervalle sur lequel la fonction f est croissante ;

c) le nom de l'extremum et sa valeur.

Point méthode TIC

Pour établir le tableau de valeurs d'une fonction à la calculatrice, voir Point méthode p. 67.

4 On considère la fonction $f(x) = -x^2 + 1$ définie sur l'intervalle $[-2 ; 2]$.

1. Quel est le signe du coefficient de x^2 ? En déduire le nom de l'extremum qu'admet la fonction f.

2. En utilisant la calculatrice, compléter le tableau de valeurs suivant, après l'avoir recopié.

x	-2	-1	0	1	2
$f(x)$					

3. Représenter graphiquement f dans un repère orthonormal.

4. a) En utilisant le graphique, lire pour quelle valeur de x la fonction f admet un extremum.

b) Lire la valeur de cet extremum.

5 On considère la fonction $f(x) = 2x^2 - 2x - 1$ définie sur l'intervalle $[-1 ; 2]$.

1. Quel est le signe du coefficient de x^2 ? En déduire le nom de l'extremum qu'admet la fonction f.

2. Recopier le tableau de valeurs suivant puis le compléter en utilisant la calculatrice ou le tableur.

x	-1	0	$0{,}5$	1	2
$f(x)$					

3. Représenter graphiquement f dans un repère orthonormal.

4. a) En utilisant le graphique, lire pour quelle valeur de x la fonction f admet un extremum.

b) Lire la valeur de cet extremum.

➥ Équations du second degré

QCM

Pour ces questions, plusieurs réponses sont possibles. Indiquer la ou lesquelles.

1. Dans l'équation $x^2 - 4x + 3 = 0$, les solutions sont :

a) $x = 0$ b) $x = 1$ c) $x = 3$

2. Dans l'équation $2x^2 + x - 3 = 0$, les solutions sont :

a) $x = 0$ b) $x = 1$ c) $x = -1$

Point méthode

Pour résoudre une équation du second degré du type $ax^2 + bx + c = 0$:

– on repère les valeurs numériques de a, b et c ;

– on calcule le discriminant $\Delta = b^2 - 4ac$;

– on utilise les résultats ci-dessous.

– Si $\Delta > 0$, l'équation a 2 solutions :

$$x_1 = \frac{-b-\sqrt{\Delta}}{2a} \text{ et } x_2 = \frac{-b+\sqrt{\Delta}}{2a}.$$

– Si $\Delta = 0$, l'équation a 1 solution :

$$x = -\frac{b}{2a}.$$

– Si $\Delta < 0$, l'équation n'a pas de solution.

6 Résoudre les équations suivantes :

a) $2x^2 - 5x + 2 = 0$.

b) $4x^2 - 12x + 9 = 0$.

c) $x^2 + x + 1 = 0$.

Corrigé

a) $2x^2 - 5x + 2 = 0$.

$a = 2 ; b = -5 ; c = 2$.

$\Delta = b^2 - 4ac = (-5)^2 - 4 \times 2 \times 2 = 25 - 16 = 9$.

$\Delta > 0$, donc l'équation a deux solutions :

$$x_1 = \frac{-b-\sqrt{\Delta}}{2a} = \frac{5-3}{4} = -\frac{1}{2} ;$$

$$x_2 = \frac{-b+\sqrt{\Delta}}{2a} = \frac{5+3}{4} = \frac{8}{4} = 2.$$

b) $4x^2 - 12x + 9 = 0$.

$a = 4 ; b = -12 ; c = 9$.

$\Delta = b^2 - 4ac = (-12)^2 - 4 \times 4 \times 9 = 144 - 144 = 0.$
$\Delta = 0$, donc l'équation a une solution :
$x = -\dfrac{b}{2a} = \dfrac{12}{8} = \dfrac{3}{2}.$

c) $x^2 + x + 1 = 0.$
$a = 1 ; b = 1 ; c = 1.$
$\Delta = b^2 - 4ac = 1 - 4 \times 1 \times 1 = -3.$
$\Delta < 0$, donc l'équation n'a pas de solution.

Pour les exercices 7 à 13, résoudre les équations suivantes.

7 a) $x^2 + 2x - 3 = 0$; b) $x^2 + 4x + 16 = 0$.

8 a) $x^2 - 4x + 15 = 0$; b) $x^2 - 5x + 4 = 0$.

9 a) $x^2 + 6x + 9 = 0$; b) $x^2 + 8x - 105 = 0$.

10 a) $2x^2 + 7x - 4 = 0$; b) $x^2 - 4x + 4 = 0$.

11 a) $3x^2 - 7x + 2 = 0$; b) $2x^2 + 4x + 5 = 0$.

12 a) $x^2 - 4x + 6 = 0$; b) $4x^2 - 9x + 2 = 0$.

13 a) $4x^2 + 1 = 0$; b) $x^2 = 4x + 5$.

14 La fonction définie pour tout nombre réel x par $f(x) = -x^2 + 2x + 1$ a pour courbe représentative la courbe $\mathscr{C}$.

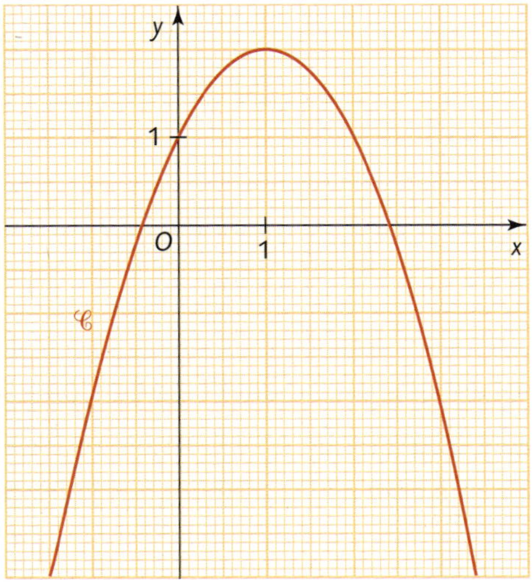

1. En utilisant le graphique, résoudre les équations suivantes : $f(x) = 1$; $f(x) = -2$.

2. Retrouver les résultats précédents par le calcul.

15 La fonction définie pour tout nombre réel x par $f(x) = x^2 - 5x + 4$ a pour courbe représentative la courbe $\mathscr{C}$.

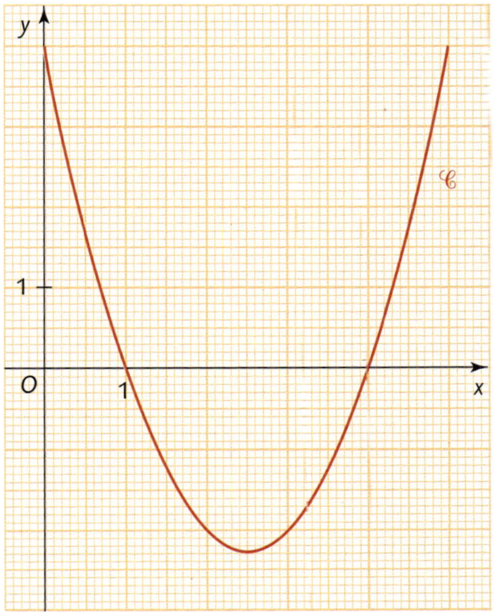

1. Résoudre graphiquement l'équation $f(x) = 0$.

2. Résoudre par le calcul l'équation $x^2 - 5x + 4 = 0$.

3. Résoudre graphiquement l'équation $f(x) = -2$.

4. Résoudre par le calcul l'équation $x^2 - 5x + 6 = 0$ et retrouver les résultats de la question précédente.

16 **1.** Dans un repère orthonormal, tracer la parabole $\mathscr{P}$ d'équation $y = x^2$.

2. Dans ce repère, tracer la droite $\mathscr{D}$ d'équation $y = -\dfrac{x}{2} + 3$.

3. a) Lire sur le graphique les abscisses des points d'intersection entre $\mathscr{P}$ et $\mathscr{D}$.

b) Montrer que les abscisses des points communs à $\mathscr{P}$ et $\mathscr{D}$ sont solutions de l'équation $2x^2 + x - 6 = 0$.

4. Résoudre l'équation $2x^2 + x - 6 = 0$.

Problèmes

*, **, *** : niveau de difficulté du problème C : problème corrigé (voir solution page 134).

17 * La fonction définie par $f(x) = -2x^2 + 7x - 3$ est représentée par la courbe $\mathscr{C}$.

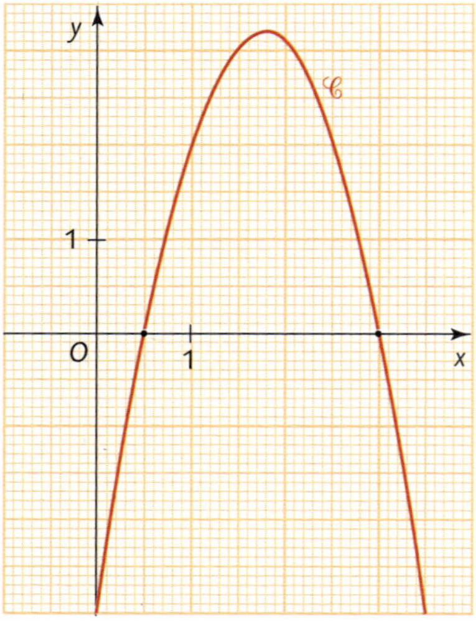

1. En utilisant la représentation graphique, déterminer :

a) les solutions de l'équation $f(x) = 0$;

b) l'ensemble des solutions de l'inéquation $f(x) > 0$.

2. Résoudre par le calcul l'équation : $-2x^2 + 7x - 3 = 0$.

3. a) Donner le signe du coefficient de x^2 dans le polynôme $-2x^2 + 7x - 3$.

b) En déduire l'intervalle de x pour lequel $-2x^2 + 7x - 3 > 0$.

18 *  On considère la fonction définie par $f(x) = x^2 - x - 2$ dans l'ensemble des réels. Elle est représentée sur l'écran de la calculatrice ci-dessous.

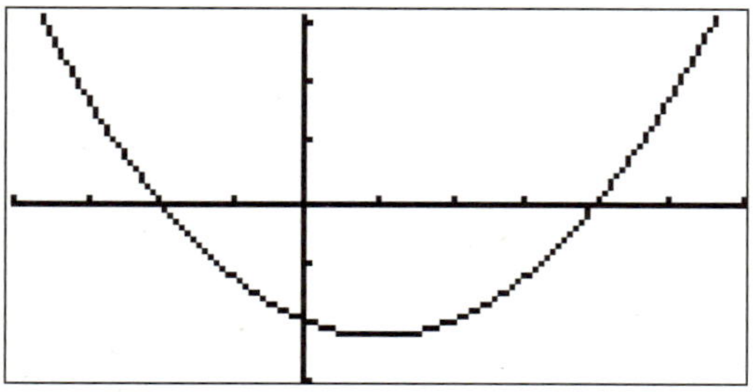

1. En utilisant le mode GRAPH ou la touche graphe de votre calculatrice, faire la représentation graphique de la fonction f.

2. En utilisant la fonction trace de la calculatrice :

a) déterminer le plus précisément possible les valeurs de x pour lesquelles $f(x) = 0$;

b) en déduire les valeurs de x pour lesquelles $f(x) < 0$.

3. Résoudre par le calcul l'équation : $x^2 - x - 2 = 0$.

4. a) Donner le signe du coefficient de x^2 dans le polynôme $x^2 - x - 2$;

b) en déduire l'intervalle de x pour lequel $x^2 - x - 2 < 0$.

19 ** Une jeune créatrice fabrique des bijoux fantaisie et vend toute sa production.
Le bénéfice total obtenu par la vente de n bijoux est, en euros : $B(n) = -0{,}5n^2 + 50n - 450$.

1. Calculer le bénéfice rapporté par la fabrication et la vente de 20 bijoux, puis de 60 bijoux.

2. *Étude graphique*
On a représenté graphiquement la fonction f définie par $f(x) = -0{,}5x^2 + 50x - 450$ pour x appartenant à l'intervalle $[0 ; 100]$.

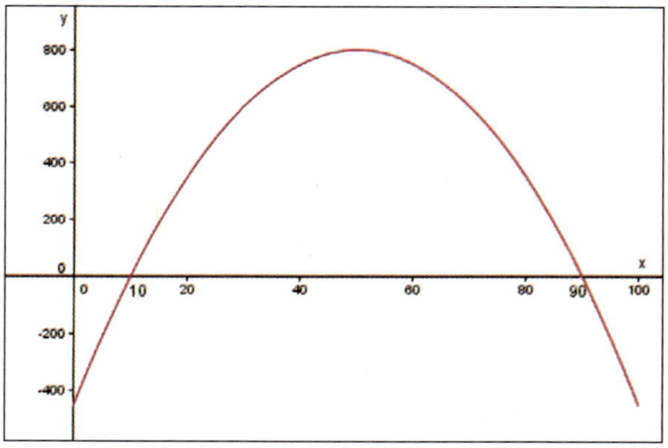

a) Résoudre graphiquement l'équation $f(x) = 0$.

b) Résoudre graphiquement l'inéquation $f(x) > 0$.

c) Donner le nom de l'extremum que la fonction f admet.

3. *Étude algébrique*

a) Résoudre, par le calcul, l'équation :
$-0{,}5x^2 + 50x - 450 = 0$.

b) Donner le signe du coefficient de x^2 dans l'expression de $f(x)$ et en déduire l'intervalle de x pour lequel $f(x)$ est positif.

c) On admet que pour $x = 50$, la fonction atteint un maximum.
Calculer la valeur de ce maximum.

4. *Interprétation*
Pour quel nombre de bijoux fabriqués et vendus, la jeune créatrice réalise-t-elle un bénéfice maximal ? Quel ce bénéfice ?

20 *** La société de restauration collective Saveurs du monde prépare et commercialise des repas cuisinés. Les contraintes de production imposent la préparation de 300 à 800 repas par jour.

Première partie. Calculs numériques

1. Le coût de production C (en euros) varie en fonction du nombre n de repas vendus par jour. Ce coût de production est donné par la relation : $C = -0{,}005n^2 + 10n + 1\,200$. Calculer le coût de production pour 500 repas vendus par jour.

2. On suppose que le prix de vente V (en euros) de n repas vendus par jour est donné par la relation $V = 6n + 1\,800$, où n appartient à l'intervalle $[300 ; 800]$. Calculer le prix de vente pour 500 repas vendus.

Deuxième partie. Représentation graphique de fonctions

1. On considère la fonction f définie sur l'intervalle $[300 ; 800]$ par $f(x) = -0{,}005x^2 + 10x + 1\,200$. Avec les notations précédentes, on a $C = f(n)$.

a) Recopier et compléter le tableau de valeurs suivant. Les résultats seront arrondis à la dizaine.

x	300	350	400	450	500	550	600	650	700	750	800
$f(x)$	3750		4 400			5 190	5 400	5 590		5 890	6 000

b) Tracer la représentation graphique de la fonction f dans un repère orthogonal. Unités graphiques : sur l'axe des abscisses 2 cm pour 100 (commencer la graduation à 300) ; sur l'axe des ordonnées 1 cm pour 200 (commencer la graduation à 3 600).

2. On considère la fonction g définie sur l'intervalle $[300 ; 800]$ par $g(x) = 6x + 1\,800$. Avec les notations précédentes, on a : $V = g(n)$.

a) Tracer la représentation graphique de la fonction g dans le repère précédent.

b) Résoudre graphiquement l'équation $f(x) = g(x)$.

c) Résoudre graphiquement l'inéquation $g(x) > f(x)$.

3. a) Montrer que l'équation $f(x) = g(x)$ peut s'écrire $-0{,}005x^2 + 4x - 600 = 0$.

b) Résoudre l'équation $-0{,}005x^2 + 4x - 600 = 0$ dans l'intervalle $[300 ; 800]$.

4. Quel est le nombre de repas à partir duquel l'entreprise réalise des bénéfices ? Rédiger la réponse.

21 *** Dans une grande surface, le « caddy moyen » est de 100 euros (dépense moyenne d'un client qui passe en caisse). Le montant des charges de cette grande surface en fonction du nombre n de clients est donné par $C(n) = 0{,}4n^2 - 72n + 4\,800$.

1. Exprimer le chiffre d'affaire $CA(n)$ en fonction du nombre de clients n.

2. Calculer le CA rapporté par 200 clients.

Première partie. Étude de la fonction f

Soit la fonction f définie par $f(x) = 0{,}4x^2 - 72x + 4\,800$ sur l'intervalle $[0 ; 410]$. Sa représentation graphique modélise le montant des charges C.

1. a) Reproduire et compléter le tableau de valeurs suivant :

x	0	30	50	100	150	200	300	350	400	410
$f(x)$		3 000			3 000		19 200	28 600	40 000	42 520

b) Donner le signe de x^2 et en déduire le nom de l'extremum qu'admet la fonction f.

c) On admet que $x = 90$ est la valeur pour laquelle la fonction f admet un extremum. Calculer la valeur de cet extremum.

2. Le plan est rapporté à un repère orthogonal. Unités graphiques : sur l'axe des abscisses 1 cm représente 25 ; sur l'axe des ordonnées 1 cm représente 2 000. Dans ce repère et sur l'intervalle $[0 ; 410]$:

a) tracer la droite d'équation $y = 100x$.
Cette droite modélise le chiffre d'affaires CA.

b) Tracer la représentation graphique de la fonction f.

3. a) Résoudre graphiquement l'équation $f(x) = y$.

b) Résoudre graphiquement l'inéquation $f(x) < y$.

4. a) Montrer que l'équation $f(x) = y$ peut s'écrire $0{,}4x^2 - 172x + 4\,800 = 0$.

b) Résoudre par le calcul l'équation : $0{,}4x^2 - 172x + 4\,800 = 0$.

Deuxième partie. Interprétation graphique

1. Pour quel nombre de clients les charges sont-elles minimales ?

2. Pour quels nombres de clients, la grande surface réalise-t-elle un bénéfice ?

3. Pour 200 clients le bénéfice est de 13 600 €. Justifier graphiquement ce résultat.

22 *** Une entreprise compare deux tarifs de nettoyage.

Pour une surface à nettoyer de x mètres carrés et pour x appartenant à l'intervalle $[100 ; 700]$:

– le tarif, en euros, proposé par l'entreprise A est $A(x) = 1{,}2x + 100$;

– le tarif, en euros, proposé par l'entreprise B est $B(x) = -0{,}005x^2 + 4x + 50$.

1. Calculer le coût du nettoyage proposé par les deux entreprises pour une surface à nettoyer de 150 m².

2. On considère la fonction $B : x \mapsto B(x)$.

a) Donner le signe du coefficient de x^2 et en déduire le nom de l'extremum qu'admet la fonction B.

b) On admet que $x = 400$ est la valeur de la variable pour laquelle la fonction B admet un extremum. Calculer cet extremum.

3. a) À l'aide du logiciel GeoGebra, tracer la droite d'équation $y = 1{,}2x + 100$ sur l'intervalle $[100 ; 700]$. Pour cela, écrire dans la plage de saisie : `Fonction[1.2*x+100,100,700]`.

Avec l'outil ***Agrandissement*** ou ***Réduction***, adapter les graduations de l'axe des abscisses à l'intervalle étudié.

b) Dans le même repère, tracer en rouge la courbe $\mathscr{C}$ représentative de la fonction B sur l'intervalle $[100 ; 700]$. Pour cela, écrire dans la plage de saisie : `Fonction[– 0.005*x^2+4*x+50,100,700]`.

4. a) Choisir dans ***Options***, *l'arrondi à 0 décimale*. Placer le point commun à la droite et à la courbe $\mathscr{C}$. Relever les coordonnées de ce point.

b) Déterminer la superficie pour laquelle les coûts proposés par les deux entreprises sont identiques. Arrondir au m².

5. La recherche par le calcul de cette superficie s'obtient en résolvant l'équation : $-0{,}005x^2 + 2{,}8x - 50 = 0$.

a) Le justifier.

b) Résoudre cette équation et comparer le résultat obtenu avec les réponses aux questions précédentes.

23 *** **Contrôler la qualité**

Un laboratoire étudie l'évolution de bactéries dans le jus d'orange non pasteurisé.

À un instant t_M que l'on devra déterminer, on introduit une molécule capable de stopper la progression des bactéries.

L'objectif est de savoir quand les bactéries seront entièrement détruites. Pour cela, on dénombre les bactéries avant et après l'introduction de la molécule.

Première partie. Analyse de la situation

Le nombre N de bactéries à l'instant t (en minutes) est donné par $N = -5t^2 + 130t + 600$ où t est compris entre 0 et 30 minutes.

1. Calculer le nombre de bactéries à l'instant $t = 0$.

2. Calculer le nombre de bactéries présentes au bout de 10 minutes.

Deuxième partie. Étude de fonction

On considère la fonction f définie sur l'intervalle $[0 ; 30]$ par : $f(x) = -5x^2 + 130x + 600$.

Avec les notations précédentes, on a : $N = f(t)$.

1. La fonction f admet un maximum. Le justifier.

2. La valeur de x pour laquelle f admet un maximum est 13. Calculer la valeur de ce maximum.

3. Recopier et compléter le tableau de valeurs suivant :

x	0	5	10	15	20	25	30
$f(x)$		1 125		1 425	1 200		

4. Tracer la courbe représentative de f dans un repère orthogonal.

Unités graphiques : sur l'axe des abscisses 1 cm pour 2 ; sur l'axe des ordonnées 1 cm pour 200.

5. a) Résoudre graphiquement l'équation $f(x) = 600$.

Les traits de construction nécessaires à la lecture devront être apparents.

b) Résoudre graphiquement l'inéquation $f(x) < 600$.

6. Résoudre par le calcul $-5x^2 + 130x + 600 = 0$ dans l'intervalle $[0\,;30]$.

Troisième partie. Interprétation des résultats

1. Indiquer le temps t_M où a été introduite la molécule qui stoppe l'évolution des bactéries.

2. Indiquer le temps t' pour lequel le nombre de bactéries descend sous le nombre présent à l'instant initial.

3. Quelle a été la durée de l'action de la molécule entre le moment de son introduction et la destruction totale des bactéries ?

24 *** La société Algaqua produit des microalgues pour les aquariums. Pour stériliser les milieux nutritifs nécessaires aux cultures de microalgues, un technicien effectue un traitement thermique à l'aide d'un autoclave.

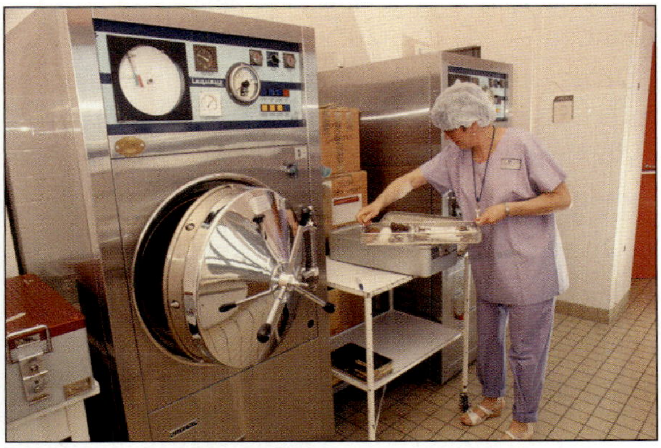

Le temps de chauffage t, exprimé en minutes, est compris entre 0 et 75.
La température θ du milieu nutritif (en degré Celsius) est donnée en fonction du temps t de chauffage sur l'intervalle $[0\,;75]$ par : $\theta = -0{,}03t^2 + 3{,}6t + 12$.

1. Quelle est la température du milieu nutritif au bout de 30 minutes ?

2. On considère la fonction définie sur l'intervalle $[0\,;75]$ par : $f(x) = -0{,}03x^2 + 3{,}6x + 12$.
On a donc $\theta = f(t)$.

a) Donner le signe du coefficient de x^2. En déduire le nom de l'extremum qu'admet la fonction f.

b) La valeur de x pour laquelle la fonction $f(x) = ax^2 + bx + c$ admet un extremum est $x = \frac{-b}{2a}$.
Calculer cette valeur.

c) Calculer la valeur de l'extremum $f\left(\frac{-b}{2a}\right)$.

3. En déduire le sens de variation de la fonction f sur l'intervalle $[0\,;75]$.

4. a) Reproduire et compléter le tableau de valeurs suivant. Les résultats seront arrondis à l'unité.

x	0	10	20	40	45	55	60	75
$f(x)$		45		108			120	113

b) Tracer la courbe représentative de f en utilisant un repère orthonormal.
Sur chacun des axes, 1 cm représente 10.

5. On souhaite arrêter le traitement thermique lorsque le milieu nutritif aura atteint 117 °C.

a) Résoudre graphiquement l'équation $f(x) = 117$. Les traits de construction nécessaires à la lecture devront figurer sur le schéma.

b) Retrouver par le calcul les résultats précédents en résolvant l'équation $f(x) = 117$.

c) Au bout de combien de temps arrêtera-t-on le traitement ?

25 *** **Première partie. Calcul d'aire**

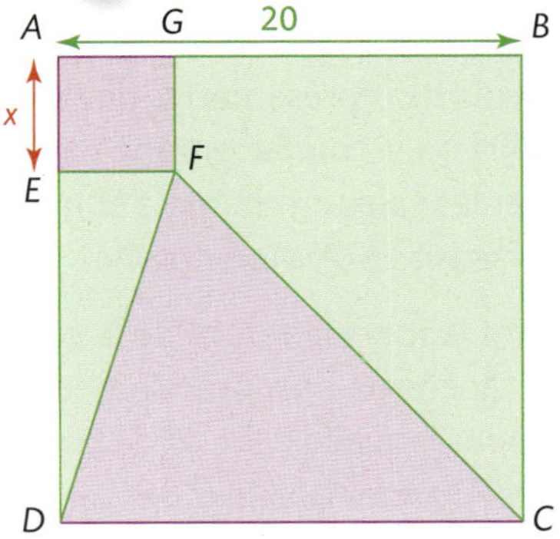

Pour réaliser un motif décoratif sur le mur d'un bâtiment, on utilise des pavés bicolores identiques.
Chaque pavé est un carré $ABCD$ de côté 20 cm.
$AGFE$ est un carré, de côté noté x (en cm).

1. Exprimer en fonction de x l'aire du triangle rectangle EDF.

2. Exprimer en fonction de x l'aire du trapèze rectangle $GBCF$.
Indication : aire d'un trapèze $= \frac{1}{2}[(B + b) \times h]$
avec B = grande base; b = petite base et h = hauteur.

3. En déduire que l'aire $\mathcal{A}$ de la surface verte est donnée par la relation : $\mathcal{A}(x) = -x^2 + 10x + 200$.

4. Montrer que l'aire $\mathscr{B}$ de la surface violette est donnée par la relation : $\mathscr{B}(x) = x^2 - 10x + 200$.

Deuxième partie. Étude de la fonction avec la calculatrice

Soit la fonction f définie pour x appartenant à l'intervalle $[0\,;20]$ par : $f(x) = -x^2 + 10x + 200$.

1. Donner le signe du coefficient de x^2 dans l'expression de $f(x)$. En déduire le nom de l'extremum qu'admet la fonction f.

2. a) La fonction f admet un extremum pour $x = \frac{-b}{2a}$. Calculer cette valeur.

b) Calculer l'extremum $f\left(\frac{-b}{2a}\right)$.

3. En déduire le sens de variation de la fonction f sur l'intervalle $[0\,;20]$.

4. Reproduire et compléter le tableau suivant à l'aide de votre calculatrice en utilisant le mode table (voir rabats de couverture) :
– saisir sur la ligne Y1, l'expression de $f(x)$;
– entrer pour x, la valeur minimale 0 et la valeur maximale 20.

x	0	2	4	6	8	10	12	14	16	18	20
$f(x)$	200										0

5. Tracer la courbe représentative de f en utilisant le mode GRAPH ou la touche graphe de votre calculatrice. Entrer les valeurs minimale et maximale de x et de y puis choisir DRAW ou graphe.

6. En utilisant la fonction trace de la calculatrice et ses flèches, repérer le plus précisément possible la valeur de x pour laquelle l'aire $\mathscr{A}$ de la surface verte est maximale. Donner la valeur de l'aire maximale.

26 ***  Un restaurateur propose une formule « midi » à 8 €. Son comptable, M. Liot, a montré que le coût de revient des formules « midi » est fonction du nombre de formules vendues.

Première partie. Calculs numériques

Pour un nombre n de formules « midi » vendues, n nombre entier variant de 0 à 100, le coût de revient C est donné par :

$C = \frac{n^2}{4} - 12n + 200$. La recette totale pour n formules « midi » vendues est notée V.

1. a) Exprimer V en fonction de n.

b) Calculer la recette totale pour 50 formules « midi ».

2. a) Exprimer le résultat R réalisé par le restaurateur pour n formules « midi » vendues.
Indication : Résultat = Recette – Coût de revient.

b) Calculer le résultat réalisé pour 50 formules vendues.

Deuxième partie. Représentation graphique d'une fonction

On considère la fonction f définie sur l'intervalle $[0\,;100]$ par $f(x) = \frac{-x^2}{4} + 20x - 200$.

1. Avec le logiciel GeoGebra, tracer la courbe représentative de f.
Pour cela, écrire dans la plage de saisie : `Fonction[-1/4*x^2+20*x-200,0,100]`.
– Utiliser la roulette de la souris pour redimensionner les échelles sur les axes et faire apparaître la courbe.
– Après un clic droit sur la zone de graphique, dans le menu **axeX:axeY**, choisir 1:10.

2. On admet que pour $x = 40$, f admet un maximum.

a) Placer le point A en écrivant dans la plage de saisie `(40,f(40))`.

b) Relever les coordonnées du point A.

c) Créer les points d'intersection entre la courbe représentative de f et l'axe des abscisses.

d) Relever les coordonnées des points B et C après avoir arrondi à 0 décimale dans le menu ***Options***.

3. a) Résoudre graphiquement l'équation $f(x) = 0$.

b) Résoudre graphiquement l'inéquation $f(x) > 0$.

Troisième partie. Exploitation des résultats précédents

R désignant le résultat pour n formules « midi » vendues, on a : $R = f(n)$.

1. Indiquer le nombre de formules permettant d'obtenir un résultat maximum. Quelle est alors la valeur de ce résultat maximum ?

2. Déterminer les nombres de formules pour lesquels le résultat est positif. Rédiger la réponse.

27 ★★★ Madame Lancosme, esthéticienne-cosméticienne, prépare l'ouverture de son futur salon.
Elle prévoit une réserve à produits, deux cabines de soins et un espace « accueil-vente » d'une superficie voisine de 90 m². Elle hésite entre les deux dispositions représentées sur les figures 1 et 2 ci-dessous.

Première partie. Étude des deux dispositions

Les figures 1 et 2 ne sont pas à l'échelle. Sur celles-ci, x représente une longueur en mètre.
Les cotes sont en mètres et les aires en m².

Étude de la disposition 1

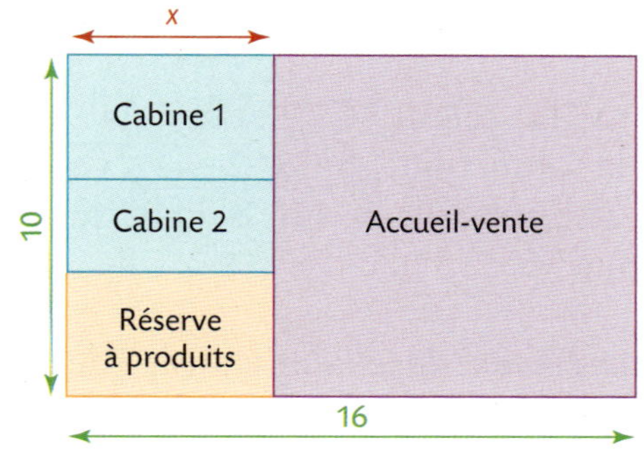

1. Cas particulier : $x = 6$.
Calculer pour la surface « accueil-vente » :

a) son aire ;

b) son périmètre.

2. Cas général : x quelconque.
Montrer que la surface « accueil-vente » a une aire définie en fonction de x par la relation :
$\mathcal{A}_1 = -10x + 160$.

Étude de la disposition 2

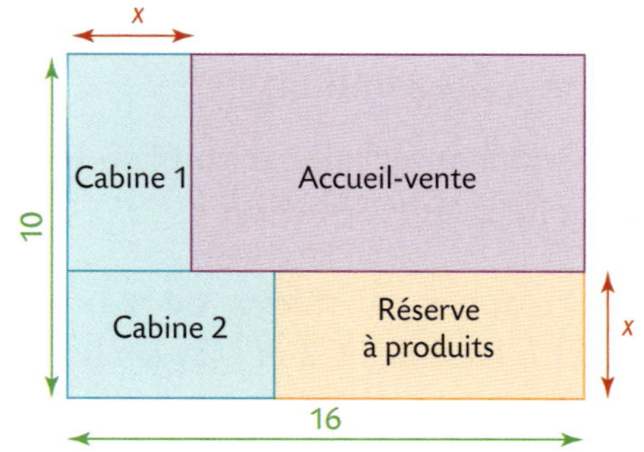

1. Cas particulier : $x = 3$.
Calculer pour la surface « accueil-vente » :

a) son aire ; b) son périmètre.

2. Cas général : x quelconque.
Montrer que la surface « accueil-vente » a une aire définie en fonction de x par la relation :
$\mathcal{A}_2 = x^2 - 26x + 160$.

Deuxième partie. Étude de deux fonctions numériques à l'aide du logiciel GeoGebra

Soit les deux fonctions f et g, de la variable réelle x, définies sur l'intervalle [2 ; 10] par :
$f(x) = -10x + 160$ et $g(x) = x^2 - 26x + 160$.

1. Tracer pour x variant de 2 à 10, les courbes représentatives des fonctions f et g.
– Saisir pour cela, `Fonction[-10*x+160,2,10]` puis `Fonction[x^2-26*x+160,2,10]`
– Utiliser la roulette de la souris pour redimensionner les échelles sur les axes et faire apparaître les deux courbes.
– Après un clic droit sur la zone de graphique, choisir 1:10 dans le menu **axeX:axeY**.
– Colorier en bleu le segment de droite et en rouge la courbe représentative de la fonction g.

2. a) Tracer, dans le même repère, la droite d'équation $y = 91$.

b) Créer les points d'intersection entre la droite et les courbes représentatives de f et de g.

c) Relever les coordonnées des points A et B créés.

3. Résoudre graphiquement les équations :

a) $f(x) = 91$; b) $g(x) = 91$.

Troisième partie. Exploitation des résultats précédents

1. Madame Lancosme décide que l'aire de la surface « accueil-vente » doit être égale à 91 m².
Recopier et compléter les phrases suivantes :

a) si elle opte pour la disposition 1, x doit prendre la valeur...

b) Si elle opte pour la disposition 2, x doit prendre la valeur...

2. Madame Lancosme décide aussi de choisir la disposition qui offre le plus grand périmètre afin de disposer de la plus grande longueur possible d'exposition de vitrines.
Déterminer :

a) Le périmètre P_1 de la surface « accueil-ventes » correspondant à la disposition 1 pour la valeur de x trouvée à la question **1.a** précédente.

b) Le périmètre P_2 de la surface « accueil-ventes » correspondant à la disposition 2 pour la valeur de x trouvée à la question **1.b** précédente.

c) La disposition retenue et la valeur de x correspondante. Rédiger la réponse.

avec l'ordinateur

Activité 1 Résoudre une équation du second degré à l'aide d'un tableur

On se propose de résoudre à l'aide d'un tableur l'équation du second degré
$x^2 - 6{,}22x + 9{,}168 = 0$.

• Ouvrir une feuille de calculs. Dans la colonne A : en A1, écrire x, puis à partir de A2, entrer les valeurs de la variable x de 0 à 5 avec un pas de 0,5.

• Dans la colonne B : en B1, écrire f(x); en B2, saisir =A2^2–6.22*A2+9,168 puis étendre la formule jusqu'à la cellule B12.

➔ Que peut-on dire des signes des images $f(x)$?

➔ L'équation $x^2 - 6{,}22x + 9{,}168 = 0$ admet-elle des solutions ?

➔ Donner l'intervalle $[a, b]$, a et b entiers, dans lequel se trouvent les solutions.

On cherche les valeurs des solutions de l'équation $x^2 - 6{,}22x + 9{,}168 = 0$.

• Pour cela, ouvrir une deuxième feuille de calculs et saisir les textes en gras dans les cellules appropriées, ainsi que les valeurs 2 et 4 dans les cellules C2 et C3, comme dans le tableau ci-dessous.

	A	B	C	
1				
2	intervalle [a,b]	a=	2	
3		b=	4	
4				
5				
6	pas	(b-a)/10=		
7				
8	variable	x=		
9	image	f(x)=		
10				

• Dans la cellule C6, saisir le pas =(C3–C2)/10 qui permet d'obtenir 10 valeurs de la variable dans l'intervalle retenu.

• Dans la cellule C8, saisir la valeur de a =C2 et dans la cellule D8, entrer la formule =C8+$C$6 pour incrémenter la variable.

• Étendre ensuite cette formule sur la ligne jusqu'à la colonne M.

• Dans la cellule C9, entrer la formule de la fonction =C8^2–6,22*C8+9,168, puis étendre celle-ci sur la ligne jusqu'à la colonne M.

• Dans *Format de cellules*, choisir 3 décimales.

On obtient le tableau suivant.

	A	B	C	D	
1					
2	intervalle [a,b]	a=	2		
3		b=	4		
4					
5					
6	pas	(b-a)/10=	0,2		
7					
8	variable	x=	2	2,2	
9	image	f(x)=	0,728	0,324	
10					
11					

➔ Pour quelle valeur de x a-t-on $f(x) = 0$? On note x_1 cette solution.

➔ Dans quel intervalle d'amplitude 0,2 se trouve la deuxième solution x_2 ?

➔ Pour trouver la valeur de x_2, prendre pour a et b (cellules C2 et C3) les bornes de l'intervalle trouvé à la question précédente. Donner la valeur de la solution x_2.

Activité 2 **Résoudre graphiquement une équation du second degré à l'aide de GeoGebra**

Dans la fenêtre de saisie, définir trois nombres `a=1` puis `b=–2` puis `c=–1`.

• Dans la fenêtre algèbre, afficher ou faire disparaître par un clic sur le petit cercle les trois curseurs a, b ou c.

• Dans la fenêtre de saisie, entrer `f(x)=a*x^2+b*x+c` pour tracer la courbe représentative de la fonction $f(x) = ax^2 + bx + c$. Colorier en rouge la courbe obtenue.

• Enfin, saisir `Δ=b^2–4*a*c`.

• Créer les points d'intersection A et B de la courbe précédente et de l'axe des x.

• Dans *Options*, choisir l'arrondi à 2 décimales.

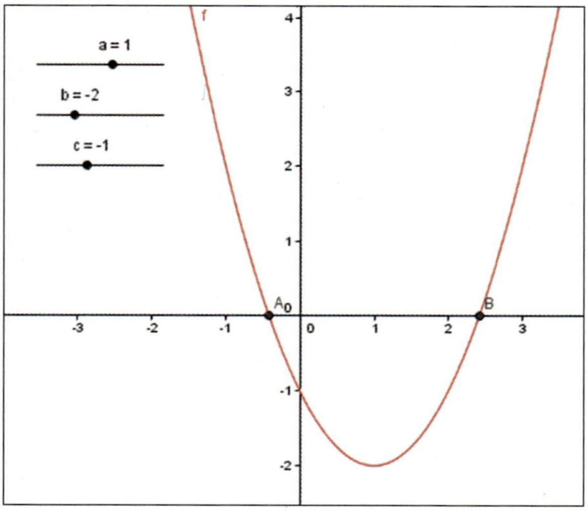

• Faire varier chacun des curseurs a, b ou c et observer les variations de la courbe.

• Régler les valeurs de a, b et c des curseurs pour représenter la courbe de la fonction $f(x) = x^2 - x - 2$.

➔ Résoudre graphiquement l'équation $x^2 - x - 2 = 0$.

➔ Retrouver ce résultat par le calcul en utilisant une calculatrice.

➔ En déduire l'intervalle sur lequel la fonction f est strictement négative.

• Régler les valeurs de a, b et c des curseurs pour représenter la courbe de la fonction $f(x) = -0{,}5x^2 + 3x + 1$.

➔ Donner les solutions de l'équation $-0{,}5x^2 + 3x + 1 = 0$ à 0,01 près.

➔ En déduire sur quel intervalle, la fonction f est positive ou nulle.

➔ Choisir un nombre entier c tel que l'équation $x^2 - 2x + c = 0$ ait une solution.

– Donner la valeur de cette solution.

– Vérifier que delta est égal à 0.

➔ Choisir un nombre entier c tel que l'équation $x^2 - 2x + c = 0$ n'ait aucune solution.

– Donner une justification graphique

– Donner la valeur de delta.

Chapitre 7

Nombre dérivé

Investigation

Quelle est la position des skis par rapport à la trajectoire ?

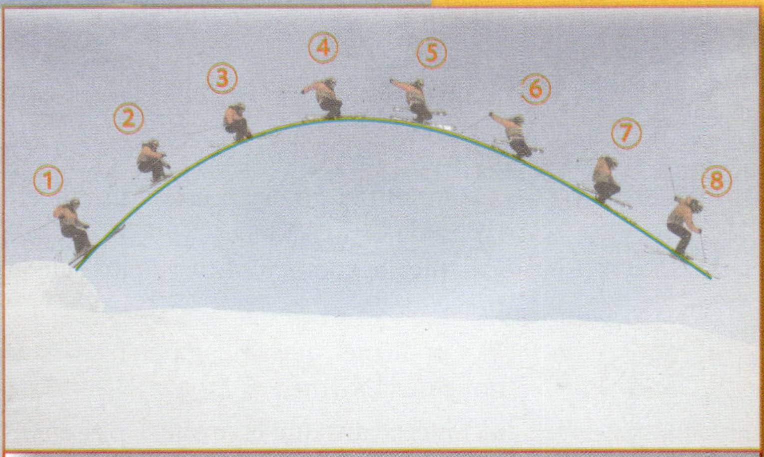

Trajectoire supposée du skieur

Activité 1 Comment approcher une courbe par une droite ?

Première partie. On observe

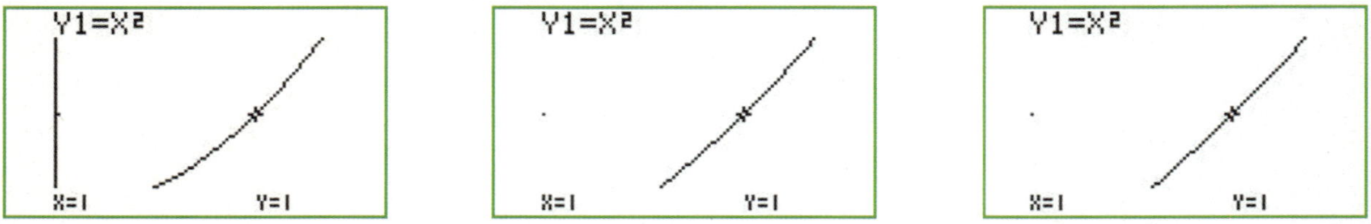

Sur l'écran d'une calculatrice graphique, on a obtenu la courbe représentative de la fonction $f: x \mapsto x^2$; on a placé le point de coordonnées $(1 ; 1)$, puis on a réalisé plusieurs zooms successifs au voisinage de ce point.

On a ainsi obtenu les figures ci-dessus.

Que semble devenir, dans ces zooms successifs, l'allure de la courbe au voisinage de son point de coordonnées $(1 ; 1)$?

Deuxième partie. On calcule

Dans les zooms successifs réalisés précédemment, la courbe représentative de f ressemble de plus en plus au voisinage du point de coordonnées $(1 ; 1)$ à une droite que l'on notera T.

On se propose de déterminer l'équation de cette droite T.

Sur la dernière figure obtenue à l'écran de la calculatrice, on note A le point de coordonnées $(1 ; 1)$ et on place sur la courbe à l'aide du curseur de déplacement ▶ un point voisin de A ; on note B ce point. On obtient la figure ci-dessous.

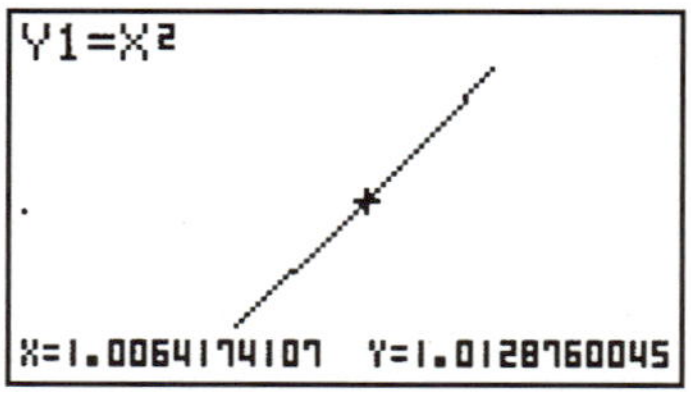

1. **Lire** les coordonnées de B.

2. On admet que sur cette figure la courbe représentative de f est assimilable à la droite T.
Calculer le coefficient directeur a de la droite AB en utilisant les résultats précédents.

> **Coup de pouce**
> $$a = \frac{Y_B - Y_A}{X_B - X_A}$$

3. On admet que le coefficient directeur de T est 2. L'équation de T est donc de la forme $y = 2x + b$.

a) En écrivant que la droite T passe par A, **calculer** b.

b) **Écrire** l'équation de T.

c) Dans un repère orthonormal d'unité graphique 2 cm, **tracer** la courbe représentative de f et la droite d'équation $y = 2x - 1$.

Activité 2 Comment approcher une fonction par une fonction affine ?

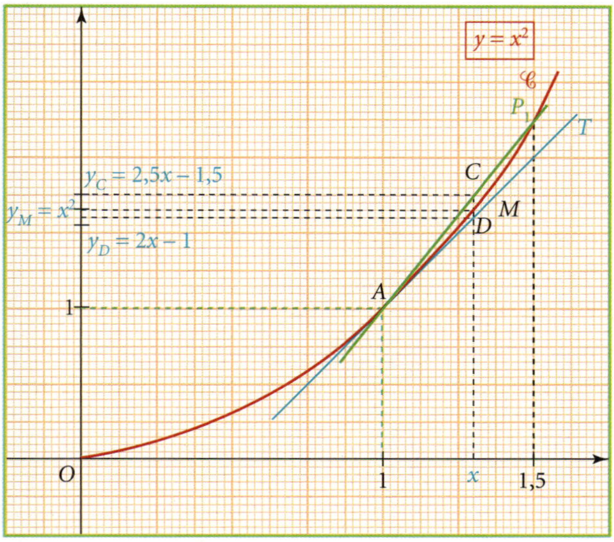

On considère la fonction $f : x \mapsto x^2$.

La figure ci-contre donne la représentation graphique $\mathscr{C}$ de f au voisinage de son point $A(1 ; 1)$.

1. *Une première approximation de f*

Sur la courbe $\mathscr{C}$, on a placé le point $P_1(1,5 ; (1,5)^2)$.

On admet que l'équation de la droite (AP_1) est $y = 2,5x - 1,5$.

Pour une valeur x proche de 1 et supérieure à 1, on note C le point de (AP_1) et M le point de $\mathscr{C}$ d'abscisse x.

On a : $y_C = 2,5x - 1,5$ et $y_M = f(x) = x^2$.

On observe que y_C est une valeur approchée de y_M. Si l'on remplace y_M par y_C, l'erreur commise est $y_C - y_M$.

Pour $x = 1,2$, **calculer** :

a) y_C et y_M ;

b) l'erreur commise dans l'approximation.

2. *Une deuxième approximation de f*

Sur la figure ci-dessus, on a tracé la tangente T en A à la courbe $\mathscr{C}$.
On sait, d'après la deuxième partie de **l'activité 1**, que l'équation de T est $y = 2x - 1$.

Pour une valeur x proche de 1 et supérieure à 1, on note D le point de T et M le point de $\mathscr{C}$ d'abscisse x.

On a : $y_D = 2x - 1$ et $y_M = f(x) = x^2$.

On observe que y_D est une valeur approchée de y_M. Si l'on remplace y_M par y_D, l'erreur commise est $y_M - y_D$.
Pour $x = 1,2$, **calculer** :

a) y_M et y_D ;

b) l'erreur commise dans l'approximation.

3. *On compare les deux approximations*

À partir des résultats précédents, **indiquer** :

a) pour laquelle des deux approximations, l'erreur commise est la plus petite ;

b) laquelle des deux fonctions affines $x \mapsto 2,5x - 1,5$ ou $x \mapsto 2x - 1$ donne la « meilleure » approximation de $f(x) = x^2$.

Envie d'aller plus loin ?

Reprendre l'activité 2 avec $x = 1,1$ à la place de $x = 1,2$.

1 Tangente à une courbe en un point

La courbe $\mathscr{C}$ est la courbe représentative d'une fonction f définie sur un intervalle I.
A est le point de la courbe $\mathscr{C}$ d'abscisse x_A.

- Au voisinage du point A, on peut « approcher » la courbe $\mathscr{C}$ par une droite.
Cette droite est la **tangente** T en A à la courbe $\mathscr{C}$.
- Si l'équation de la tangente T est $y = ax + b$, alors, pour des valeurs de x proches de x_A, le nombre $ax + b$ est une « bonne » approximation du nombre $f(x)$.
La fonction affine : $x \mapsto ax + b$ est la « meilleure » approximation affine de la fonction f.

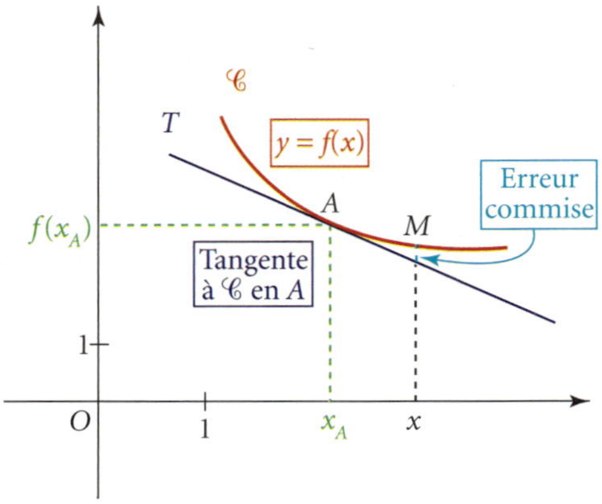

2 Nombre dérivé

La courbe $\mathscr{C}$ est la courbe représentative d'une fonction f définie sur un intervalle I.
x_A est un nombre de l'intervalle I et A le point de $\mathscr{C}$ d'abscisse x_A.
La droite T est la tangente en A à la courbe $\mathscr{C}$.

On appelle nombre dérivé de la fonction f en x_A le coefficient directeur de la tangente T à $\mathscr{C}$ en son point d'abscisse x_A.
On note ce **nombre dérivé** $f'(x_A)$.

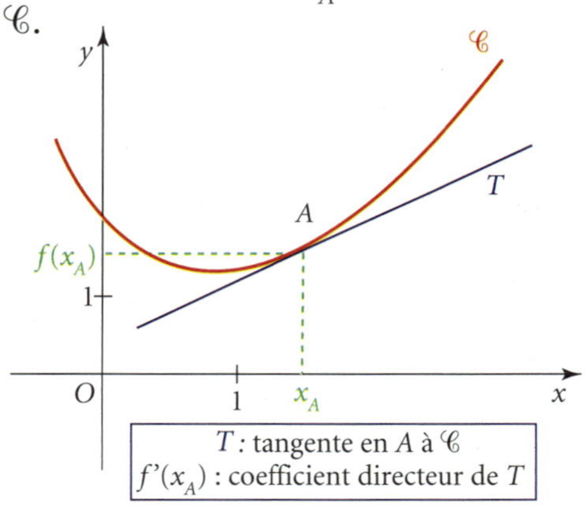

Exercices et Problèmes

Exercices

➥Détermination graphique d'un nombre dérivé

QCM

Pour chaque question, une seule réponse est exacte. Indiquer laquelle.

On rappelle que le coefficient directeur de la droite (MN) est donné par
$m = \frac{y_N - y_M}{x_N - x_M}$.

1. Le coefficient directeur de la droite (AB) est :

a) 1,5 **b)** 0,5 **c)** 0,4

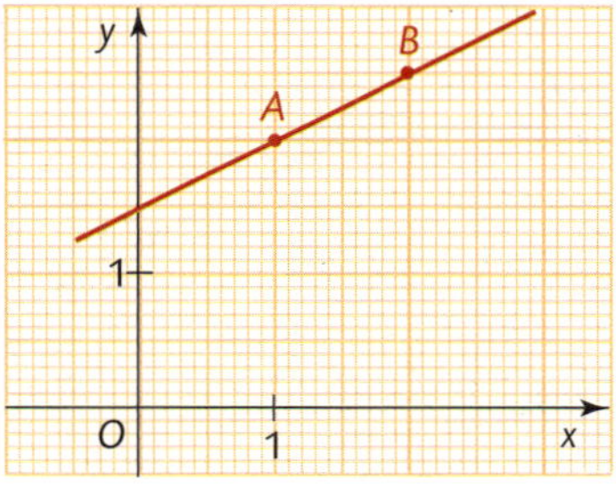

2. Le coefficient directeur de la droite (CD) est :

a) – 0,5 **b)** – 2 **c)** 0,5

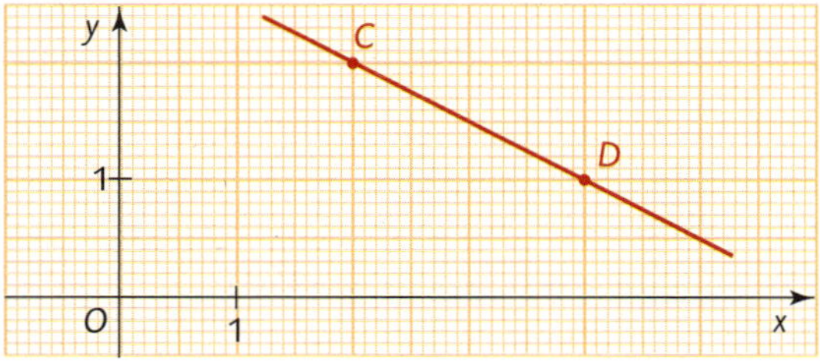

3. Le coefficient directeur de la droite (EF) est :

a) $\frac{3}{2}$ **b)** $\frac{1}{2}$ **c)** $\frac{2}{3}$

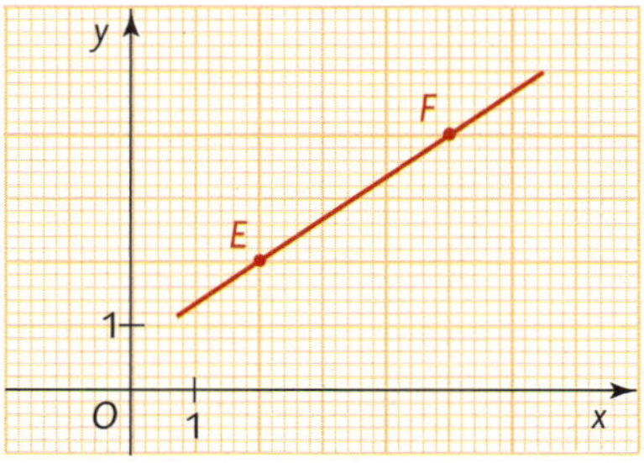

Point méthode

La droite T est la tangente à la courbe représentative $\mathscr{C}$ de la fonction f en son point A d'abscisse x_A.

Pour déterminer graphiquement le nombre dérivé $f'(x_A)$:

- on lit l'ordonnée y_A de A ;
- on place sur T le point B d'abscisse $x_B = x_A + 1$;
- on lit l'ordonnée y_B de B ;
- on calcule le coefficient directeur m de la droite T :
$m = \frac{y_B - y_A}{x_B - x_A}$, soit, puisque $x_B - x_A = 1$,
$m = y_B - y_A$;
- on obtient alors :
$f'(x_A) = y_B - y_A$.

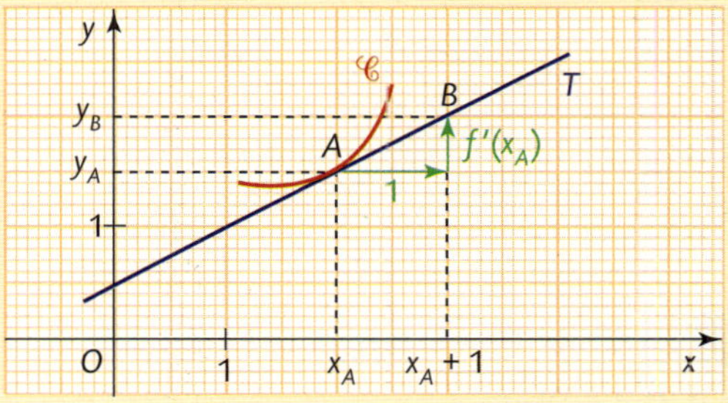

Coup de pouce

- Si la tangente T est parallèle à l'axe des abscisses, alors $f'(x_A) = 0$.
- Si la lecture directe de y_B n'est pas commode, on place sur T un point C dont les coordonnées sont lisibles facilement.

Voir à ce sujet l'exercice 8.

1 La droite T est la tangente à la courbe $\mathscr{C}$ en son point A d'abscisse 2,5.
Déterminer graphiquement $f'(2{,}5)$.

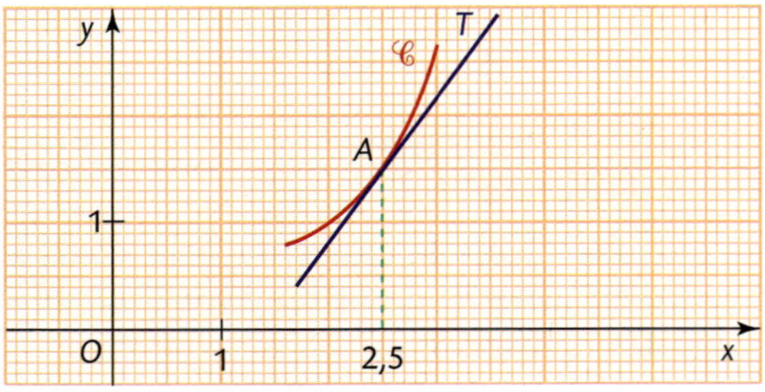

Corrigé

- On lit : $y_A = 1{,}5$.
- On place sur T le point B d'abscisse 3,5.
- On lit : $y_B = 2{,}8$.
- $y_B - y_A = 2{,}8 - 1{,}5 = 1{,}3$.
Le coefficient directeur de T est 1,3.
- On obtient $f'(x_A) = 1{,}3$.

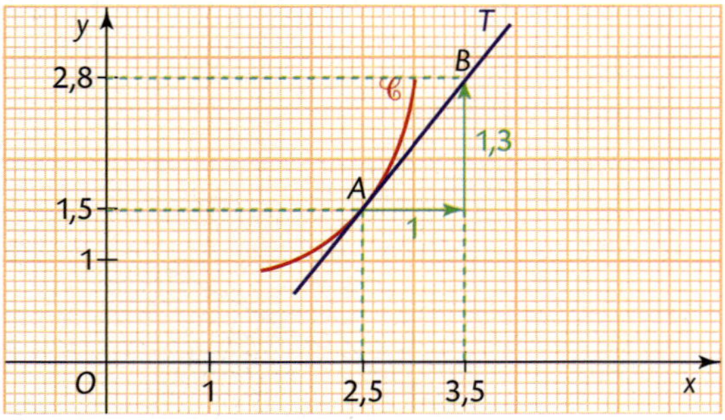

2 La droite T est la tangente à la courbe $\mathscr{C}$ en son point A d'abscisse 2.
Déterminer graphiquement $f'(2)$.

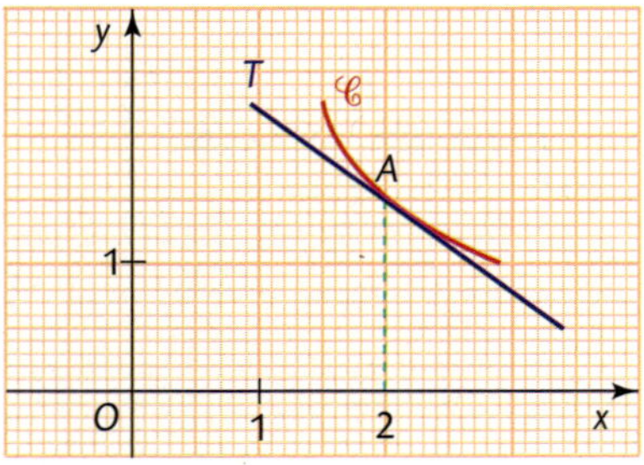

Corrigé

- On lit : $y_A = 1{,}5$.
- On place sur T le point B d'abscisse 3.
- On lit : $y_B = 0{,}8$.
- $y_B - y_A = 0{,}8 - 1{,}5 = -0{,}7$.
Le coefficient directeur de T est $-0{,}7$.
- On obtient : $f'(2) = -0{,}7$.

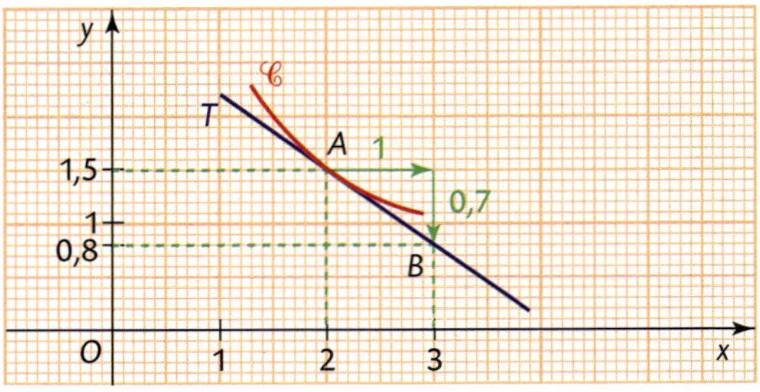

3 La courbe $\mathscr{C}$ est la courbe représentative d'une fonction f.
Les droites T_1, T_2, T_3 sont les tangentes à la courbe $\mathscr{C}$ aux points A, B, C.
Déterminer par lecture graphique les nombres dérivés $f'(-1)$; $f'(0)$; $f'(2)$.

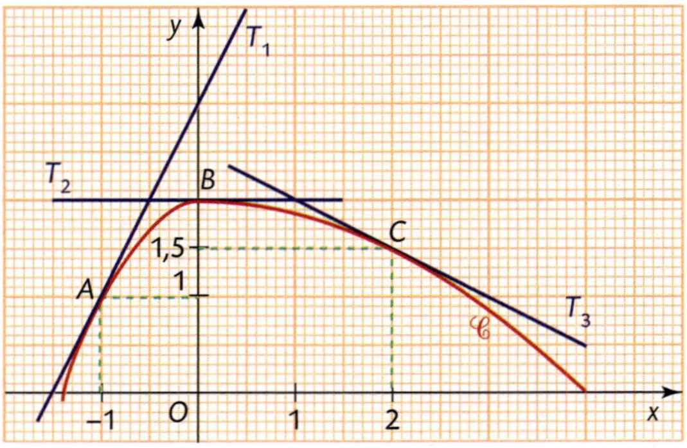

4 La courbe $\mathscr{C}$ est la courbe représentative de la fonction $f : x \mapsto x^2$.
La droite T est la tangente à la courbe $\mathscr{C}$ au point A.

1. Déterminer graphiquement $f'(-1)$.

2. a) Quelle est la tangente à $\mathscr{C}$ au point O ?

b) En déduire le nombre dérivé $f'(0)$.

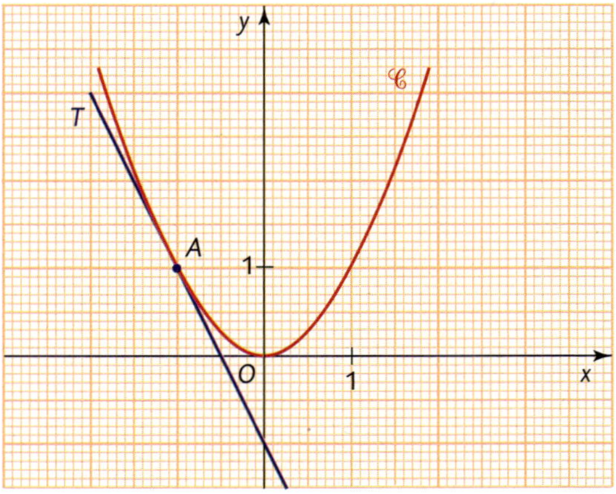

5 La courbe $\mathscr{C}$ est la courbe représentative d'une fonction f.
A et B sont les points de coordonnées respectives $(1\,;3)$ et $(0\,;0{,}5)$.

1. Parmi les droites $\mathscr{D}_1$, $\mathscr{D}_2$, $\mathscr{D}_3$ figure la tangente à $\mathscr{C}$ en A. Laquelle est cette tangente ?
Déterminer son coefficient directeur.

2. En déduire le nombre dérivé $f'(1)$ de f en 1.

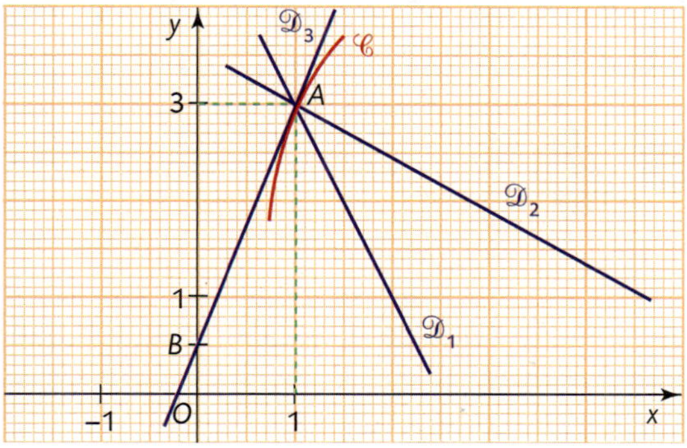

6 La courbe $\mathscr{C}$ est la courbe représentative d'une fonction f.
Sachant que les droites tracées sont les tangentes à $\mathscr{C}$ aux points A, B, C, déterminer par lecture graphique les nombres dérivés $f'(-1)$, $f'(0)$ et $f'(2)$.

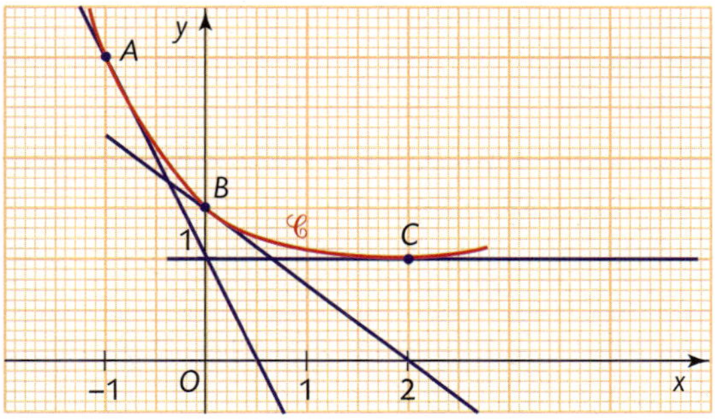

7 La courbe $\mathscr{C}$ est la courbe représentative d'une fonction f.
A est le point de $\mathscr{C}$ de coordonnées $(-1\,;2)$.

1. Reproduire la courbe $\mathscr{C}$ et tracer approximativement à la règle la tangente à $\mathscr{C}$ en A.

2. Parmi les nombres suivants, indiquer lequel est le nombre dérivé $f'(-1)$: -3 ; -2 ; $-1{,}5$; -1.

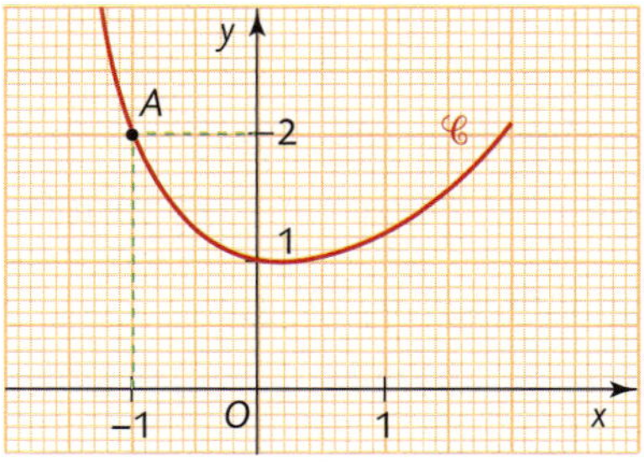

8 La courbe $\mathscr{C}$ est la courbe représentative d'une fonction f. La droite T est la tangente à $\mathscr{C}$ en A de coordonnées $(1\,;2)$.
Déterminer graphiquement le nombre dérivé $f'(1)$.
Indication : on placera sur T le point C d'abscisse 4.

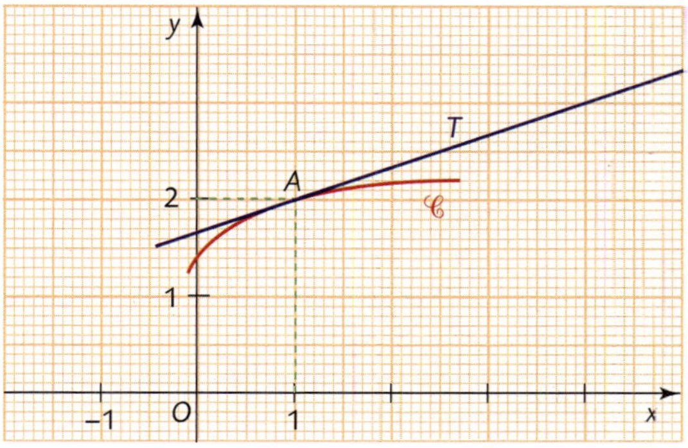

Corrigé

• L'ordonnée du point B de T d'abscisse 2 n'est pas commode à lire ; on place donc comme indiqué sur T le point C d'abscisse 4.

• On lit l'ordonnée de C : $y_C = 3$.

• Le coefficient directeur de T est $m = \dfrac{y_C - y_A}{x_C - x_A}$ c'est-à-dire $m = \dfrac{3-2}{4-1} = \dfrac{1}{3}$.

• On obtient donc : $f'(1) = \dfrac{1}{3}$.

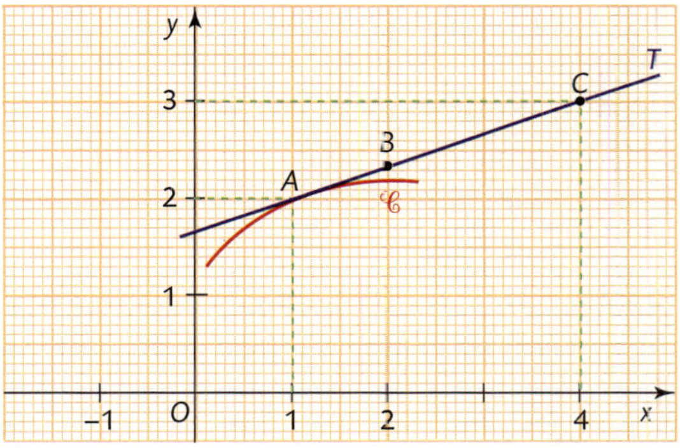

9 La courbe $\mathscr{C}$ est la courbe représentative d'une fonction f. La droite T est la tangente en A à $\mathscr{C}$.
Déterminer graphiquement $f'(3)$.
Indication : on placera sur T le point C d'abscisse 7.

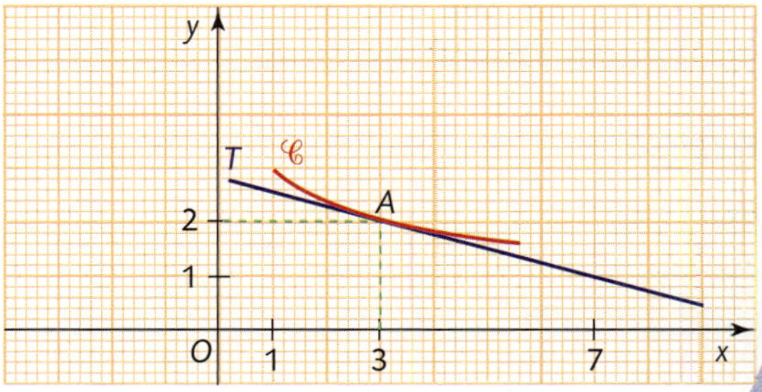

10 La courbe $\mathscr{C}$ est la courbe représentative d'une fonction f.
La droite T_1 est la tangente à $\mathscr{C}$ en A.
La droite T_2 est la tangente à $\mathscr{C}$ en B.
Déterminer graphiquement $f'(-3)$ et $f'(3)$.

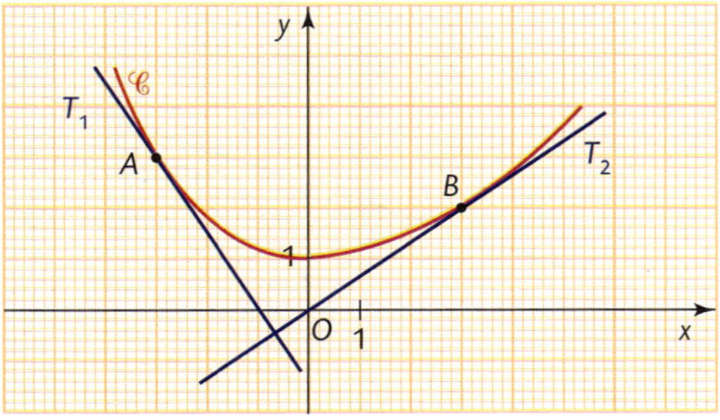

➥Détermination d'un nombre dérivé à l'aide de la calculatrice graphique

Point méthode TIC

Pour déterminer le nombre dérivé $f'(x_A)$:

- on affiche à l'écran de la calculatrice la courbe représentative $\mathscr{C}$ de f, on place sur $\mathscr{C}$ le point A d'abscisse x_A et on lit les coordonnées de A.
- On réalise plusieurs zooms successifs, on place sur $\mathscr{C}$ un point B voisin de A et on lit les coordonnées de B.
- On calcule $f'(x_A)$:

$$f'(x_A) \approx \frac{Y_B - Y_A}{X_B - X_A}.$$

Indication : choisir la fenêtre de manière que A soit au centre ou proche du centre.

11 On considère la fonction $f : x \mapsto x^2$.

Déterminer le nombre dérivé $f'(2)$.
– On prendra comme fenêtre :
$X_{min} = 1$; $X_{max} = 3$; pas = 0,1 ;
$Y_{min} = 1$; $Y_{max} = 9$; pas = 1.
– On réalisera 2 zooms successifs.

Corrigé

CASIO 25⁺
• On obtient l'écran suivant :

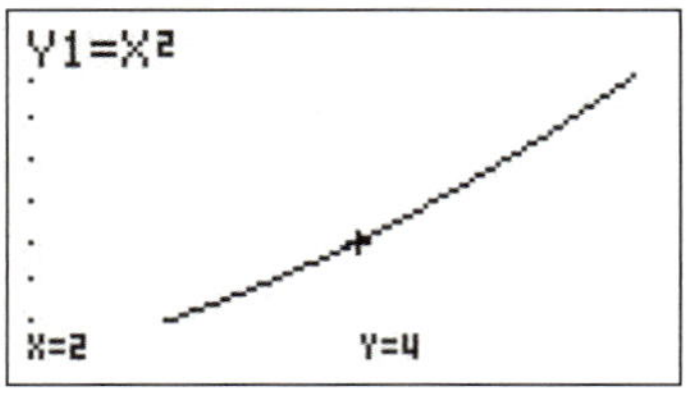

• Après SHIFT Zoom [In] [In] SHIFT Trace ▶ on obtient l'écran suivant :

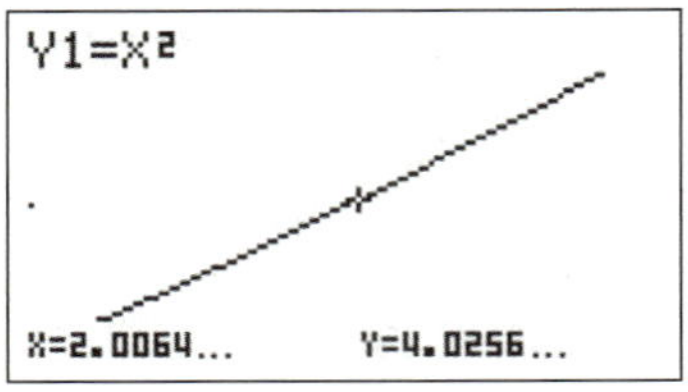

• $f'(2) \approx \dfrac{4{,}0256 - 4}{2{,}0064 - 2} \approx \dfrac{0{,}0256}{0{,}0064}$;
$f'(2) = 4$.

12 On considère la fonction f définie pour $x > 0$ par $f(x) = \dfrac{1}{x}$.

Déterminer à l'aide de la calculatrice graphique le nombre dérivé $f'(1)$.
– On prendra comme fenêtre :
$X_{min} = 0{,}5$; $X_{max} = 1{,}5$; pas = 0,5 ;
$Y_{min} = 0{,}5$; $Y_{max} = 2$; pas = 0,5.
– On réalisera trois zooms successifs.

➥Construction de tangente

QCM

Pour chaque question, une seule réponse est exacte. Indiquer laquelle.
La courbe $\mathscr{C}$ est la courbe représentative d'une fonction f.
La droite T_1 est tangente à $\mathscr{C}$ en A ; la droite T_2 est tangente à $\mathscr{C}$ en B.

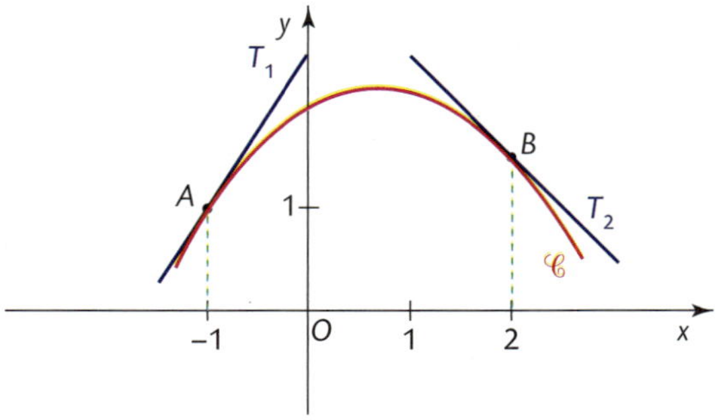

1. Le nombre dérivé $f'(-1)$ est :
a) négatif b) nul c) positif

2. Le nombre dérivé $f'(2)$ est :
a) négatif b) nul c) positif

Point méthode

La courbe $\mathscr{C}$ est la courbe représentative d'une fonction f.

A est le point de $\mathscr{C}$ d'abscisse x_A ; on connait $f(x_A)$ et $f'(x_A)$.

Pour construire la tangente T à $\mathscr{C}$ en A :

- on place le point A ;
- on trace la droite T qui a pour coefficient directeur $f'(x_A)$ et qui passe par A.

Cette construction est illustrée par les figures ci-dessous.

- $f'(x_A) > 0$

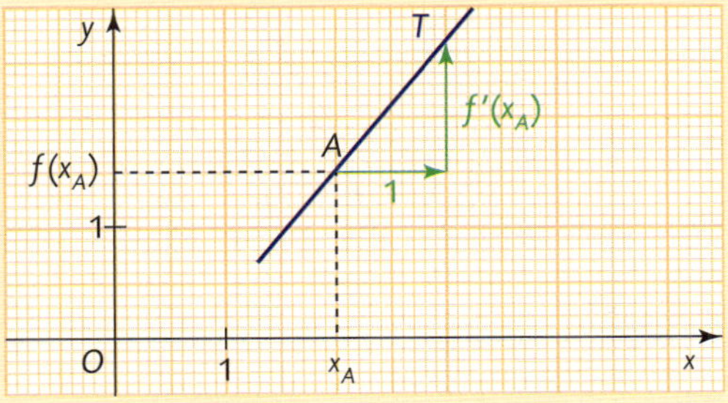

- $f'(x_A) < 0$

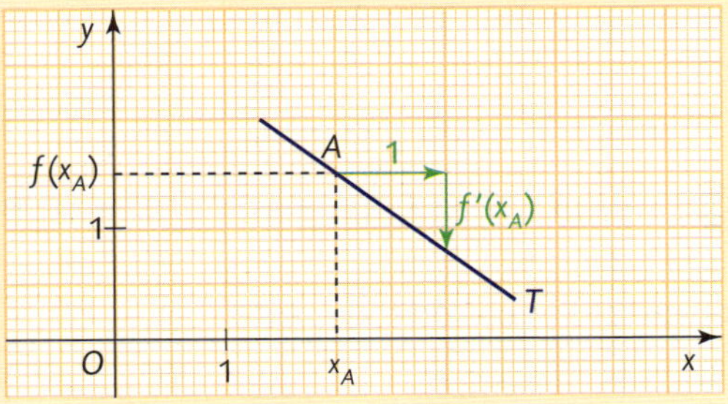

13 La courbe $\mathscr{C}$ est la courbe représentative d'une fonction f.
Sachant que $f(2) = 1{,}5$ et que $f'(2) = 2{,}5$, tracer la tangente T à la courbe $\mathscr{C}$ en son point A d'abscisse 2.

Corrigé

- On place le point A de coordonnées $(2 ; 1{,}5)$.
- À partir de A, on se déplace :

– horizontalement de 1 unité vers la droite ;
– verticalement de 2,5 unités vers le haut.
On obtient ainsi le point B.

- On trace la droite (AB).

La droite (AB) est la tangente T à $\mathscr{C}$ en A.

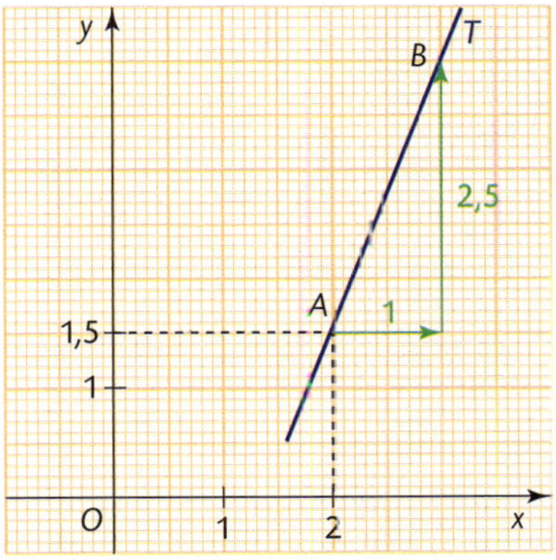

14 Construire la tangente T à la courbe $\mathscr{C}$ représentative de f en $A(1{,}5 ; 4)$ sachant que $f(1{,}5) = 4$ et $f'(1{,}5) = -3$.

Corrigé

- On place le point A de coordonnées $(1{,}5 ; 4)$.
- À partir de A on se déplace :

– horizontalement de 1 unité vers la droite ;
– verticalement de 3 unités vers le bas.
On obtient ainsi le point B.

- On trace la droite (AB).

La droite (AB) est la tangente T à $\mathscr{C}$ en A.

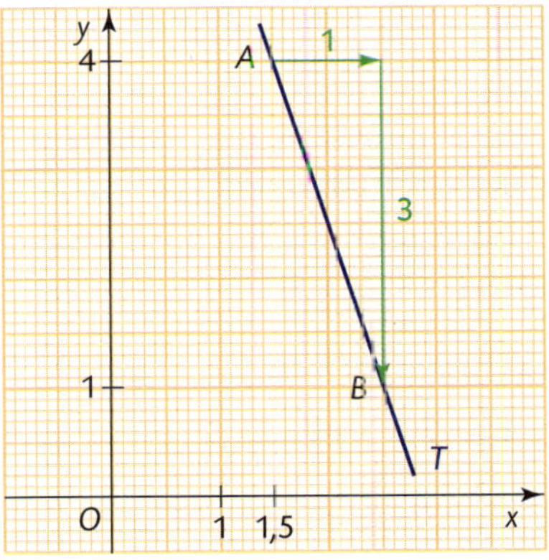

15 Le plan est rapporté à un repère orthogonal.
Unités graphiques : 2 cm en abscisse ; 1 cm en ordonnée.
On note $\mathscr{C}$ la courbe représentative de la fonction f définie sur $[-2 ; 2]$ par $f(x) = x^3$.

1. Placer le point A de $\mathscr{C}$ d'abscisse 1 et le point B de $\mathscr{C}$ d'abscisse -1.

2. Sachant que $f'(1) = 3$ et que $f'(-1) = 3$, tracer la tangente T_1 à $\mathscr{C}$ en A et la tangente T_2 en B.

3. Tracer la courbe $\mathscr{C}$.

16 La courbe $\mathscr{C}$ est la courbe représentative d'une fonction f.
Sur la courbe $\mathscr{C}$ on a placé les points M_1, M_2, M_3.

1. Lire sur le graphique les coordonnées de M_1, M_2 et M_3.

2. Pour cette question, on utilisera un repère orthonormal d'unité graphique 2 cm.

a) Placer les points M_1, M_2 et M_3.

b) Sachant que $f'(-1) = 2$, $f'(0{,}5) = 0$, $f'(2{,}5) = -1{,}5$, construire les tangentes T_1, T_2, T_3 à $\mathscr{C}$ en M_1, M_2, M_3.

c) Tracer l'allure de la courbe $\mathscr{C}$.

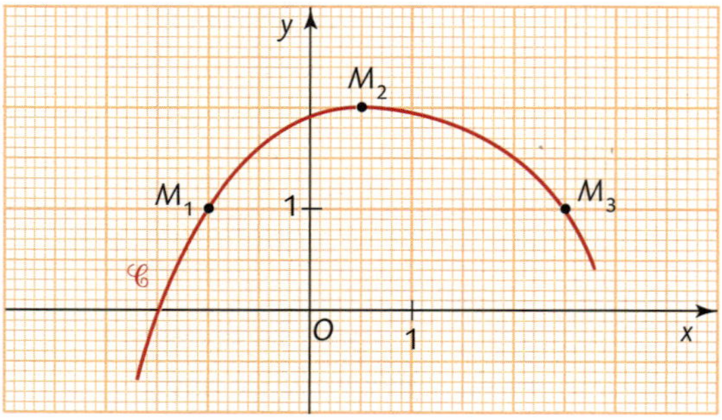

➥ Tangente en un point à une courbe

QCM

Pour chaque question, une seule réponse est exacte. Indiquer laquelle.
Pour les trois questions, on considère la droite $\mathscr{D}$ d'équation $y = -2x + 5$.

1. Le coefficient directeur de $\mathscr{D}$ est :

a) 2 b) – 2 c) 5

2. Le point A de coordonnées (1,5 ; 2) :

a) appartient à $\mathscr{D}$ b) n'appartient pas à $\mathscr{D}$

3. Le point B de coordonnées (– 0,5 ; 4) :

a) appartient à $\mathscr{D}$ b) n'appartient pas à $\mathscr{D}$

Point méthode

La courbe $\mathscr{C}$ est la courbe représentative d'une fonction f.

Pour déterminer l'équation réduite de la tangente à $\mathscr{C}$ en A d'abscisse x_A connaissant $f(x_A)$ et $f'(x_A)$:

- on écrit l'équation de la tangente sous la forme $y = f'(x_A)\,x + b$;
- on calcule b en écrivant que les coordonnées x_A et $f(x_A)$ de A vérifient cette équation ;
- on écrit l'équation de T.

17 $\mathscr{C}$ est la courbe représentative d'une fonction f.
A est le point de $\mathscr{C}$ de coordonnées : $x_A = 1{,}5$; $y_A = f(x_A) = 1$.
Sachant que $f'(x_A) = 2$, déterminer l'équation réduite de la tangente T à $\mathscr{C}$ en A.

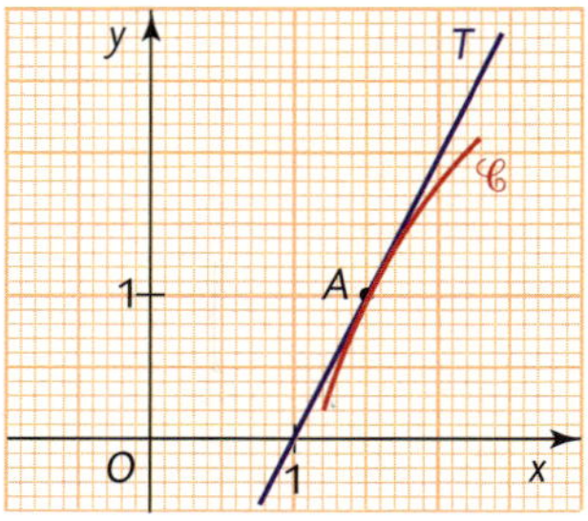

Corrigé

- L'équation de T est de la forme $y = 2x + b$.
- On écrit que, les coordonnées (1,5 ; 1) de A vérifient cette équation : $1 = 2 \times 1{,}5 + b$
soit $1 = 3 + b$, d'où $b = 1 - 3 = -2$.
- L'équation de T est $y = 2x - 2$.

18 La droite T est la tangente à $\mathscr{C}$ en $A(1 ; 0)$ et $f'(1) = 2$.
Déterminer l'équation réduite de T.

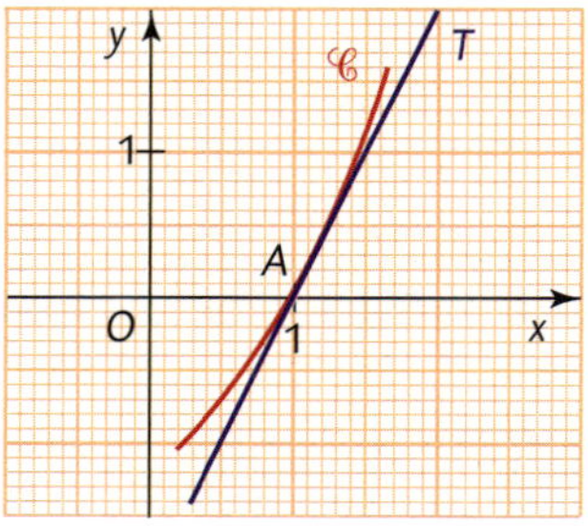

19 La droite T est la tangente en $A(2 ; 1)$ à la courbe $\mathscr{C}$, courbe représentative d'une fonction f ; $f'(2) = -2{,}5$.
Déterminer l'équation réduite de la tangente T.

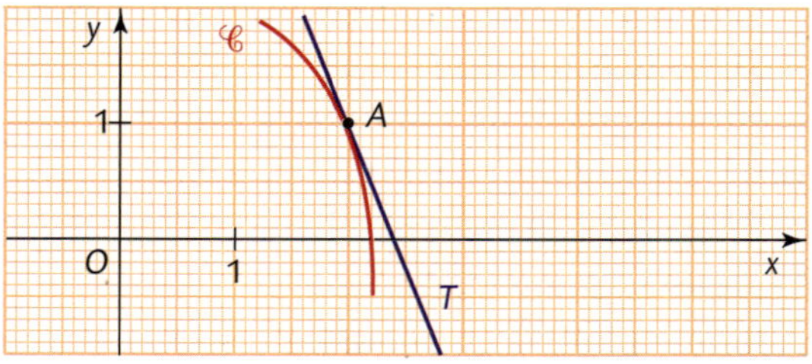

20 $\mathscr{C}$ est la courbe représentative d'une fonction f.
La droite T_1 est la tangente en $A(-1\,;-1)$ à $\mathscr{C}$.
La droite T_2 est la tangente en $B(0\,;-2)$ à $\mathscr{C}$.

1. Sachant que $f'(-1) = -3$, déterminer l'équation réduite de T_1.

2. Donner l'équation de T_2.

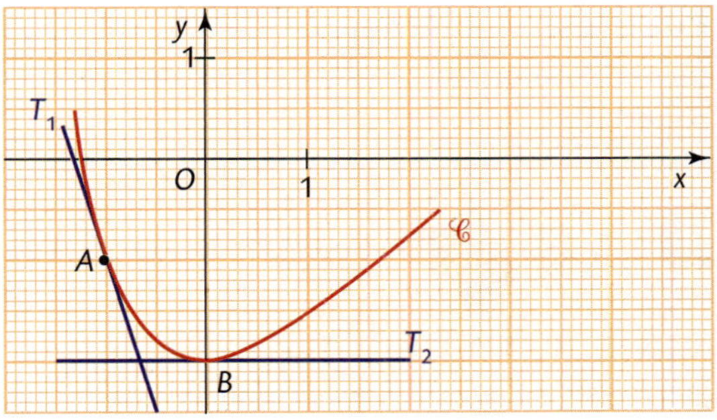

Problèmes

*, **, *** : niveau de difficulté du problème C : problème corrigé (voir solution page 134).

21 ** Dans un repère orthonormal d'unité graphique 1 cm, on note $\mathscr{C}$ la courbe représentative de la fonction $f : x \mapsto -x^2$.

1. a) Calculer $f(-1)$ et placer le point A de $\mathscr{C}$ d'abscisse -1.

b) Sachant que $f'(-1) = 2$, construire la tangente à $\mathscr{C}$ en A.

2. a) Calculer $f(2)$ et placer le point B de $\mathscr{C}$ d'abscisse 2.

b) Sachant que $f'(2) = -4$, construire la tangente à $\mathscr{C}$ en B.

3. Donner l'allure de la courbe $\mathscr{C}$.

22 * La courbe $\mathscr{C}$ est la courbe représentative de la fonction f définie pour $x > 0$ par $f(x) = \dfrac{1}{x}$.
A est le point de $\mathscr{C}$ d'abscisse 0,5.
B est le point de coordonnées $(1\,;0)$.
La droite (AB) est la tangente en A à $\mathscr{C}$.

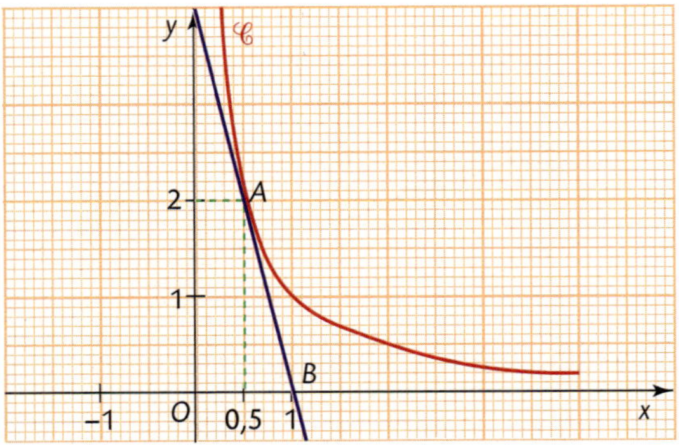

1. Déterminer graphiquement le nombre dérivé $f'(0{,}5)$.

2. Déterminer l'équation réduite de la tangente en A à $\mathscr{C}$.

23 ** $\mathscr{C}$ est la courbe représentative d'une fonction f.
A est le point de coordonnées $(-1\,;2)$.
B est le point de coordonnées $\left(0\,;\dfrac{1}{4}\right)$.
La droite (AB) est la tangente en A à $\mathscr{C}$.

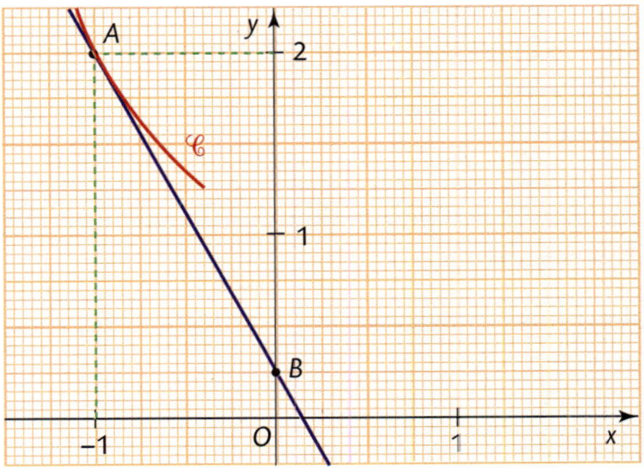

1. Déterminer graphiquement le nombre dérivé $f'(-1)$.

2. Montrer que l'équation réduite de la tangente en A à $\mathscr{C}$ est $y = -\dfrac{7}{4}x + \dfrac{1}{4}$.

3. Le nombre $-\dfrac{7}{4}x + \dfrac{1}{4}$ est, pour des valeurs de x proches de -1 une « bonne » valeur approchée de $f(x)$.
En utilisant cette remarque, donner des valeurs approchées de : $f(-0{,}9)$; $f(-1{,}05)$; $f(-1{,}1)$.

Pour les problèmes 24 et 25, on pourra utiliser les informations données au point méthode page 120.

24 ** Soit f la fonction définie sur l'intervalle $[0\,;+\infty[$ par $f(x)=\sqrt{x}$.
Déterminer, à l'aide d'une calculatrice graphique le nombre dérivé $f'(1)$.
– On prendra pour fenêtre :
$X_{min}=0$; $X_{max}=2$; pas = 1 ;
$Y_{min}=0$; $Y_{max}=2$; pas = 1.
– On réalisera 3 zooms successifs.

25 ** On considère la fonction f définie sur l'intervalle $[0\,;4]$ par $f(x)=\dfrac{x+4}{x+1}$.
Déterminer, à l'aide d'une calculatrice graphique, le nombre dérivé $f'(2)$.
– On prendra comme fenêtre :
$X_{min}=0$; $X_{max}=4$; pas = 1 ;
$Y_{min}=0$; $Y_{max}=4$; pas = 1.
– On réalisera 3 zooms successifs.

26 ** On considère la fonction f définie sur $[-3\,;2]$ par $f(x)=x^2+x-1$ et les droites T_1 et T_2 d'équations :
$T_1 : y=x-1$
$T_2 : y=-3x-5$
Pour tout le problème, on utilise la calculatrice en mode graphique.

1. Entrer les fonctions :
$Y_1=X^2+X-1$
$Y_2=X-1$
$Y_3=-3X-5$

2. Prendre comme fenêtre :
$X_{min}=-3$; $X_{max}=2$; pas = 1 ;
$Y_{min}=-3$; $Y_{max}=4$; pas = 1.
Réaliser à l'écran le tracé simultané de la courbe $\mathscr{C}$, de T_1 et de T_2.
À partir de l'observation de la figure obtenue, répondre aux questions suivantes :

a) Que représente la droite T_1 d'équation $y=x-1$ pour $\mathscr{C}$?

b) Que représente la droite T_2 d'équation $y=-3x-5$ pour $\mathscr{C}$?

3. Sachant que T_2 est tangente à $\mathscr{C}$ en son point d'abscisse -2 et que T_1 est tangente à $\mathscr{C}$ en son point d'abscisse 0, donner les valeurs des nombres dérivés $f'(-2)$ et $f'(0)$.

27 ** Soit f la fonction définie pour $0 \leqslant x \leqslant 2$ par $f(x)=x^3$.
La figure ci-après donne l'allure de la représentation graphique $\mathscr{C}$ de f au voisinage du point A de coordonnées $(1\,;1)$.
La droite T est la tangente en A à la courbe $\mathscr{C}$.

1. Vérifier par lecture graphique que $f'(1)=3$.

2. L'équation de la tangente T en A à $\mathscr{C}$ est $y=3x-2$.
On admet que l'on commet une erreur négligeable quand on remplace x^3 par $3x-2$ pour $0{,}9 \leqslant x \leqslant 1{,}1$.
Donner, sans calculatrice, une valeur approchée de $(0{,}95)^3$ et de $(1{,}1)^3$.

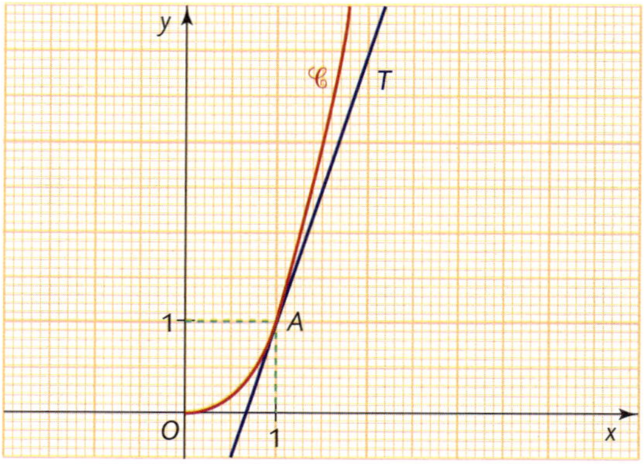

28 ** Soit f la fonction définie pour $-0{,}5 \leqslant x \leqslant 0{,}5$ par $f(x)=\dfrac{1}{1+x}$.
Sur l'écran d'une calculatrice graphique, on a affiché la courbe représentative $\mathscr{C}$ de f et la droite T d'équation $y=1-x$.

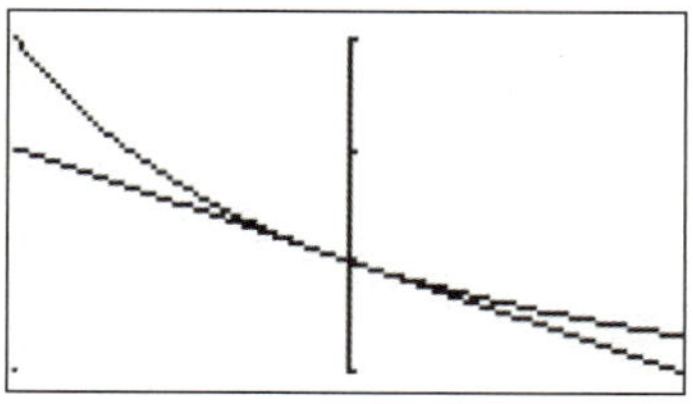

1. Que représente la droite T pour la courbe $\mathscr{C}$?

2. On admet que l'on commet une erreur négligeable quand on remplace $\dfrac{1}{1+x}$ par $1-x$ pour $-0{,}2 \leqslant x \leqslant 0{,}2$.

Déterminer, sans calculatrice, une valeur approchée de $\frac{1}{1{,}1}$ et de $\frac{1}{0{,}9}$.

Indication : on écrira : $\frac{1}{1{,}1} = \frac{1}{1+0{,}1}$ et $\frac{1}{0{,}9} = \frac{1}{1-0{,}1}$.

3. À l'aide de la calculatrice, calculer $\frac{1}{1{,}1}$ et $\frac{1}{0{,}9}$.
En comparant les résultats obtenus aux questions **2** et **3**, donner pour chaque valeur de x envisagée, l'erreur commise quand on remplace $\frac{1}{1+x}$ par $1-x$.

29 *** **Utiliser un véhicule**

Un automobiliste roulant à la vitesse de 72 km/h aperçoit un panneau de signalisation indiquant un « cédez le passage » dans 150 m. Il utilise uniquement le frein moteur pour ralentir.

On admet que, à partir du temps $X = 0$ où il aperçoit le panneau, la distance parcourue, avec le seul frein moteur, est donnée par $Y = -0{,}6X^2 + 20X$ avec :
X : temps en seconde ;
Y : distance parcourue en mètre.

1. Afficher à l'écran de la calculatrice graphique les courbes $\mathscr{C}$ et $\mathscr{D}$ d'équations :
$\mathscr{C} : Y_1 = -0{,}6X^2 + 20X$
$\mathscr{D} : Y_2 = 150$
Prendre pour fenêtre :
$X_{min} = 0$; $X_{max} = 20$; pas = 1 ;
$Y_{min} = 0$; $Y_{max} = 200$; pas = 1.

2. À l'aide de la fonction trace, déterminer des valeurs approchées des coordonnées du point d'intersection I de $\mathscr{C}$ et de $\mathscr{D}$.

3. On suppose pour la suite que les coordonnées de I sont (11,4 ; 150). Indiquer le temps mis, en secondes, par l'automobiliste pour arriver au « cédez le passage ».

4. Réaliser 3 zooms successifs ; la courbe $\mathscr{C}$ apparait confondue avec une droite $\mathscr{D}$.
Que représente cette droite $\mathscr{D}$ pour la courbe $\mathscr{C}$?

5. On admet que la vitesse, en m/s, au bout de 11,4 s est égale au coefficient directeur de la droite $\mathscr{D}$.

a) À partir de l'observation de la figure, peut-on dire que la vitesse au bout de 11,4 s est nulle ?

b) Le frein moteur suffirait-il pour que le véhicule s'arrête au « cédez le passage » ?

30 ***

Pour le problème suivant, on utilise le logiciel GeoGebra.

1. On considère la fonction $f(x) = -\frac{1}{3}x^3 + x$ définie pour tout nombre réel.
– Dans la plage de saisie, entrer : `-1/3*x^3+x`.
Colorier en rouge la courbe $\mathscr{C}_f$, courbe représentative de f ainsi obtenue. Utiliser dans l'onglet ***Style***, l'épaisseur du trait 3.
– Créer un curseur a variant de – 3 à 3 avec un incrément de 0,05.
– Dans la plage de saisie, entrer : `A=(a,f(a))`. Le point A se place sur la courbe $\mathscr{C}_f$.
– Dans la plage de saisie, entrer : `T=Tangente[A,f]`.
La tangente en A à la courbe $\mathscr{C}_f$ se trace.
– Dans la plage de saisie, entrer la commande : `m=Pente[T]` (ou choisir l'outil ***pente***).

a) Déplacer le curseur a et observer le mouvement de la tangente et la valeur de son coefficient directeur.

b) Pour $a = 1{,}5$, donner l'équation de la tangente et le nombre dérivé de f en x_A.

2. Entrer dans la plage de saisie : `B=(x(A),m)`.
Colorier le point B en bleu. Activer la trace de ce point (clic droit sur le point B et choisir ***Trace activée***).
Le point B a même abscisse que le point A et pour ordonnée le coefficient directeur de la tangente T en A à la courbe. La trace de B est donc l'ensemble des points dont les abscisses sont celles des points de la courbe $\mathscr{C}_f$ et les ordonnées les coefficients directeurs des tangentes.

a) Déplacer le curseur a et observer la trace du point B. À quelle courbe paraît-elle ressembler ?

b) Vérifier que le coefficient directeur de la tangente à la courbe au point d'abscisse – 1 est égal à 0.
Quelle est la particularité de la courbe $\mathscr{C}_f$ en ce point là ?

c) Même question pour le point d'abscisse + 1.

avec l'ordinateur

Activité 1 **Visualiser l'approche d'une courbe par une droite à l'aide de GeoGebra**

1 Construction de la courbe

On veut tracer la courbe $\mathscr{C}_f$ représentant la fonction f telle que $f(x) = x^2$. Pour cela :

- Écrire dans la plage de saisie : `x^2`.
- Cliquer droit sur la parabole, puis sur ***Propriétés***. Dans l'onglet ***Couleur***, colorier en rouge la courbe $\mathscr{C}_f$.
- Écrire dans la plage de saisie : `(1,f(1))`. Le point A se place sur la courbe $\mathscr{C}_f$. Le colorier en rouge.

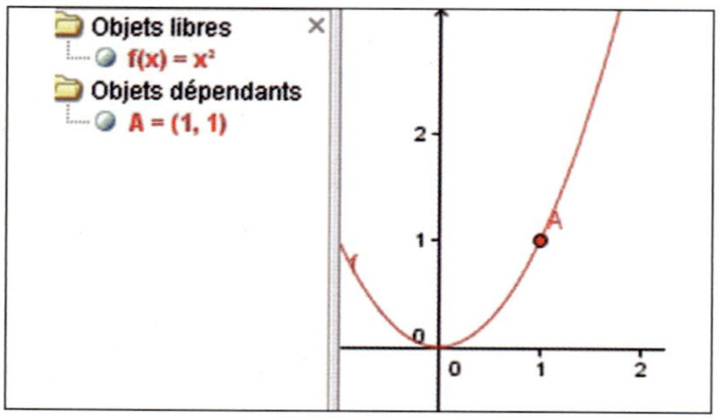

- Avec la roulette de la souris ou l'outil ***Agrandissement***, effectuer plusieurs zooms de la courbe au voisinage du point A.

→ Remarquer alors l'allure de la courbe au voisinage du point A, puis revenir au format standard en supprimant le zoom.

2 Approche de la courbe par des droites

Au voisinage du point A, la courbe ressemble de plus en plus à une droite que l'on notera T. On se propose de déterminer une équation de T.

- Écrire dans la plage de saisie : `(1.5,f(1.5))`. Le point B se place sur la courbe.
- Tracer avec l'outil correspondant la droite (AB).
- Dans la colonne algèbre, cliquer droit sur l'équation de la droite (AB), puis cliquer sur ***Équation $y = ax + b$***.

→ Quelle est cette équation ? Quel est le coefficient directeur de la droite (AB) ?

- Écrire dans la plage de saisie : `(1.1,f(1.1))`. Le point C se place sur la courbe.
- Faire un zoom de la figure au voisinage du point A.
- Tracer avec l'outil correspondant la droite (AC). Colorier le point C et la droite (AC) en bleu.
- Dans la colonne algèbre, cliquer droit sur l'équation de la droite (AC), puis cliquer sur ***Équation $y = ax + b$***.

→ Quelle est cette équation ? Quel est le coefficient directeur de la droite (AC) ?

- Zoomer au voisinage du point A pour voir correctement la droite (AC).
- Écrire dans la plage de saisie : `(1.01,f(1.01))`. Le point D se place sur la courbe.
- Faire un zoom de la figure au voisinage du point A.
- Tracer avec l'outil correspondant la droite (AD). Colorier le point D et la droite (AD) en vert.
- Dans la colonne algèbre, cliquer droit sur l'équation de la droite (AD) puis cliquer sur ***Équation $y = ax + b$***.

→ Quelle est cette équation ? Quel est le coefficient directeur de la droite (AD) ?

• Zoomer au voisinage du point A pour voir correctement la droite (AD).

➔ **On admet que les droites (AB), (AC) et (AD) se rapprochent de plus en plus de la droite T.**
– En observant les équations de ses droites, vérifier que le coefficient directeur des droites se rapproche du nombre 2, coefficient directeur de la droite T.
– En déduire une équation de la droite T, tangente à la courbe $\mathscr{C}_f$ au point $A(1, 1)$.

Activité 2 Visualiser l'approche d'une fonction par une fonction affine à l'aide de GeoGebra

1 Représentation graphique d'une fonction

Soit f la fonction définie par $f(x) = \frac{1}{x}$ pour $0 < x < 4$.

La figure ci-dessous, réalisée avec le logiciel GeoGebra, donne l'allure de la courbe $\mathscr{C}_f$ représentative de f au voisinage du point A de coordonnées $(1 ; 1)$ et de la tangente T en A à la courbe $\mathscr{C}_f$.

L'équation de la tangente T à la courbe $\mathscr{C}_f$ est $y = -x + 2$.

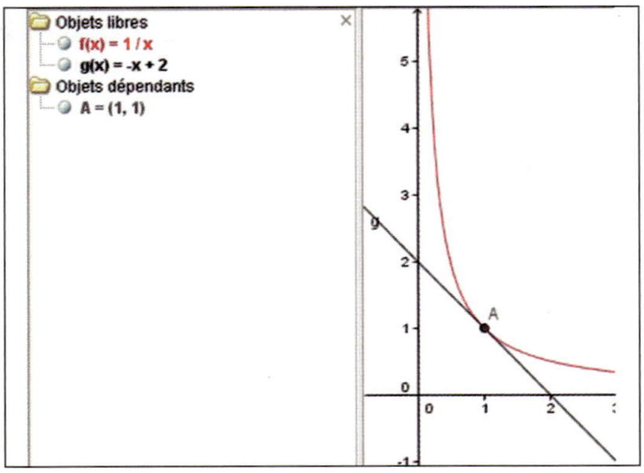

Pour réaliser la figure ci-dessus :

• Écrire dans la case Saisie : 1/x. La courbe $\mathscr{C}_f$ représentative de la fonction f se trace. La colorier en rouge.

• Écrire dans la case Saisie : (1,f(1)). Le point $A(1 ; 1)$ se place sur la courbe $\mathscr{C}_f$.

• Écrire dans la case Saisie : –x+2. La droite T tangente à $\mathscr{C}_f$ se trace.

• Écrire dans la case Saisie : (1.2,f(1.2)). Le point $B(1{,}2 ; f(1{,}2))$ se place sur la courbe $\mathscr{C}_f$. Le colorier en rouge.

• Écrire dans la case Saisie : (1.2,g(1.2)). Le point $C(1{,}2 ;\ g(1{,}2))$ se place sur la tangente T.

• Effectuer un zoom au voisinage des 3 points A, B et C.

➔ **Dans la fenêtre algèbre, relever les ordonnées y_B et y_C des points B et C.**

2 Approximation d'une fonction

On observe que y_C est une valeur approchée au dixième près par défaut de y_B.

L'écart dans cette approximation en prenant $y = -x + 2$ à la place de $y = \frac{1}{x}$ est alors

$d(x) = \frac{1}{x} - (-x + 2)$ soit $d(x) = \frac{1}{x} + x - 2$.

• Écrire à l'aide d'un tableur, la feuille de calcul suivante :

	A	B	C	D	E
1	x	1,1	1,05	1,01	1,001
2	d(x)				

• Compléter le tableau : pour cela, écrire dans la cellule B2 : =1/B1+B1–2 et fixer à 6 décimales chaque valeur de $d(x)$.

• Étirer la formule jusqu'à la cellule E2.

➔ **Observer les résultats obtenus. Quelle conclusion peut-on tirer ?**

Préparation à l'évaluation

2.3 Notion de fonction

Capacités	Exercices et problèmes
Utiliser une calculatrice ou un tableur-grapheur pour obtenir : – l'image d'un nombre réel par une fonction donnée (valeur exacte ou arrondie) ; – un tableau de valeurs d'une fonction donnée (valeurs exactes ou arrondies) ; – la représentation graphique d'une fonction donnée sur un intervalle.	**Chapitre 4** 1, 4 à 8 ; 10, 11, 13 à 21 ; 22 à 29 **Chapitre 5** 1, 5, 8, 14 à 16 ; 19, 21, 23, 25 à 31 *
Exploiter une représentation graphique d'une fonction sur un intervalle donné pour obtenir : – l'image d'un nombre réel par une fonction donnée ; – un tableau de valeurs d'une fonction donnée.	**Chapitre 5** 9 *
Décrire les variations d'une fonction avec un vocabulaire adapté ou un tableau de variation.	**Chapitre 4** 3, 7, 8, 11, 14 à 16 ; 18, 19 **Chapitre 5** 5 à 8 ; 23, 24 *

2.4 Utilisation de fonctions de référence

Capacités	Exercices et problèmes
Sur un intervalle donné, étudier les variations et représenter les fonctions de référence $x \mapsto 1$, $x \mapsto x$, $x \mapsto x^2$, $x \mapsto \frac{1}{x}$, $x \mapsto \sqrt{x}$ et $x \mapsto x^3$.	**Chapitre 4** 3, 6, 10, 11, 13, 16, 17 *
Représenter les fonctions de la forme $f + g$ et kf où f est une fonction de référence, g une fonction constante et k un nombre décimal donné. Utiliser les TIC pour conjecturer les variations de ces fonctions.	**Chapitre 4** 5, 7, 8, 14, 15, 18 à 20 ; 22 **Chapitre 5** 5
Représenter une fonction affine.	**Chapitre 5** 1 à 4 ; 12, 18, 19, 21 *
Déterminer le sens de variation d'une fonction affine.	**Chapitre 5** 6 à 8 *
Déterminer l'expression algébrique d'une fonction affine à partir de la donnée de deux nombres et de leurs images.	**Chapitre 5** 22 *
Déterminer par calcul si un point M du plan appartient ou non à une droite d'équation donnée.	*
Résoudre graphiquement une équation de la forme $f(x) = c$ où c est un nombre réel et f une fonction affine ou une fonction de la forme $x \mapsto x^2 + k$, $x \mapsto kx^2$, $x \mapsto \frac{1}{x} + k$, $x \mapsto \frac{k}{x}$, $x \mapsto \sqrt{x} + k$, $x \mapsto k\sqrt{x}$, $x \mapsto x^3 + k$, $x \mapsto kx^3$ où k est un nombre décimal donné.	**Chapitre 4** 20 à 22 *

** Voir aussi le manuel de 2ᵉ Bac Pro page 159.*

2.5 Suites numériques

Capacités	Exercices et problèmes
Reconnaître une suite arithmétique, une suite géométrique par le calcul ou à l'aide d'un tableur.	14 à 18 ; 31 à 35 ; 40, 43 à 46
Reconnaître graphiquement une suite arithmétique à l'aide d'un grapheur.	20, 26, 39
Réaliser une représentation graphique d'une suite (u_n) arithmétique ou géométrique.	21 à 25 ; 37, 38, 43 à 46

Exercice 1 *(4 points)*

La courbe $\mathscr{C}$ est la courbe représentative d'une fonction f définie sur l'intervalle [– 2 ; 3].

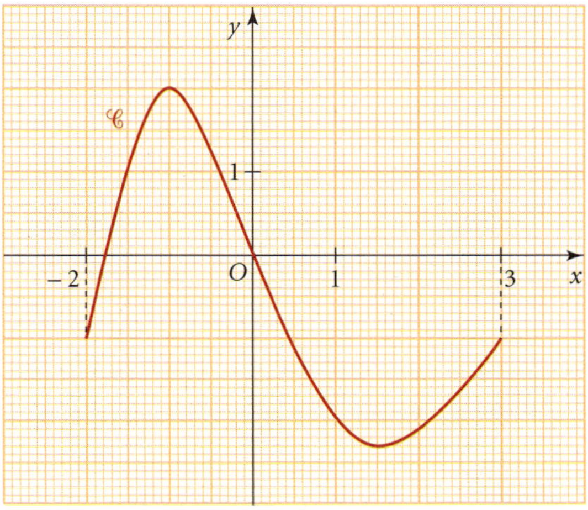

1. Recopier et compléter, en utilisant des lectures graphiques, le tableau suivant. *(2 points)*

x	– 2	– 1,5	– 1	– 0,5	0	0,5	1	1,5	2	2,5	3
$f(x)$											

2. À partir de l'observation du graphique, indiquer :

a) sur quel(s) intervalle(s) la fonction f est décroissante ; *(0,5 point)*

b) sur quel(s) intervalle(s) la fonction f est croissante. *(0,5 point)*

3. a) La fonction f admet un minimum.
Quel est ce minimum ? Pour quelle valeur de x est-il atteint ? *(0,5 point)*

b) La fonction f admet un maximum.
Quel est ce maximum ? Pour quelle valeur de x est-il atteint ? *(0,5 point)*

➡ Exercice 2 *(6 points)* 

Une automobile hybride est un véhicule disposant de deux types de motorisation : un moteur thermique et un moteur électrique, afin de limiter la consommation de carburant.

Compte tenu de l'impact des émissions de dioxyde de carbone et autres polluants sur le réchauffement de la planète, la vente de véhicules hybrides devrait croître.

Pour la période de 2011 à 2021, une concession table sur une progression de ses ventes annuelles telles que, à partir de l'année 2011, le nombre N de véhicules vendus est donné par :

$$N(x) = 2x^2 + 18x + 138$$

où x représente le rang de l'année à partir de 2011.
Par exemple : 2011 est de rang 1, 2012 est de rang 2, ... etc.

On considère la fonction f définie sur l'intervalle [1 ; 11] par :

$$f(x) = 2x^2 + 18x + 138.$$

1. Recopier et compléter, à l'aide de la calculatrice, le tableau suivant.

x	1	2	3	4	5	6	7	8	9	10	11
$f(x)$											

(2 points)

2. a) Tracer à l'écran d'une calculatrice graphique la courbe représentative de f.
Fenêtre : $X_{min} = 1$, $X_{max} = 11$, pas = 1 ;
$Y_{min} = 100$, $Y_{max} = 600$, pas = 50. *(2 points)*

b) À partir de l'observation du graphique obtenu, indiquer le sens de variation de f. *(1 point)*

3. L'objectif de la concession est de vendre 3 fois plus de véhicules qu'en 2011, c'est-à-dire 474 véhicules.
En utilisant les résultats obtenus à la question **1**, déterminer l'année à partir de laquelle l'objectif sera atteint. *(1 point)*

➡ Exercice 3 *(6 points)* 

Une entreprise fabrique du matériel informatique.
Le coût de production, en euros, de q appareils est donné par la relation :

$$C = q^3 - 120q^2 + 3\,600q + 10\,000 \text{ ; } q \text{ entier compris entre 10 et 100.}$$

1. *Calcul numérique*
Calculer le coût de production de 10 appareils. *(1 point)*

2. *Utilisation du logiciel GeoGebra*
On considère la fonction f définie sur l'intervalle [10 ; 100] par

$$f(x) = x^3 - 120x^2 + 3\,600x + 10\,000.$$

a) À l'aide du logiciel GeoGebra, tracer la courbe représentative de la fonction f pour x compris entre 10 et 100.
Pour cela :
– on saisit `Fonction[x^3 – 120x^2 + 3600x + 10 000, 10, 100]`
– après un clic droit sur la zone graphique, on choisit «1:100» dans le menu axe X : axe Y.
– on sélectionne la croix du dernier bouton, puis on déplace la souris (clic gauche actionné) pour centrer sur la zone graphique. *(2,5 points)*

b) Placer un point A sur la courbe à l'aide du deuxième bouton. Déplacer celui-ci avec le curseur, sélectionné par le premier bouton, pour le placer « au plus bas » sur la courbe. *(0,75 point)*

c) Relever dans la fenêtre algèbre les coordonnées de A. *(0,75 point)*

3. *Application*

Quel est le nombre d'appareils à fabriquer pour obtenir le coût de production minimum ? *(0,5 point)*

Donner la valeur de ce coût minimum. *(0,5 point)*

➥ Exercice 4 *(5 points)*

On considère un terrain de sport dont la largeur est égale à la moitié de la longueur.

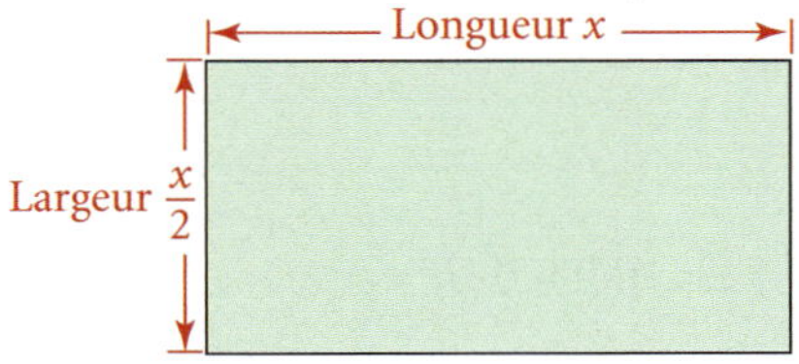

La longueur du terrain, en mètre, est x.
La largeur du terrain, en mètre, est $\frac{x}{2}$.

1. Si $x = 90$, les dimensions du terrain sont 90 m et 45 m.
Calculer l'aire $\mathcal{A}$, en m^2, de ce terrain. *(0,5 point)*

2. On considère la fonction f définie sur l'intervalle [0 ; 120] par $f(x) = \frac{x^2}{2}$.

a) Recopier et, à l'aide de la calculatrice, compléter le tableau suivant. *(1,5 point)*

x	0	10	20	30	40	50	60	70	80	90	100	110	120
$f(x)$													

b) Reproduire et compléter le repère donné ci-dessous. *(0,5 point)*

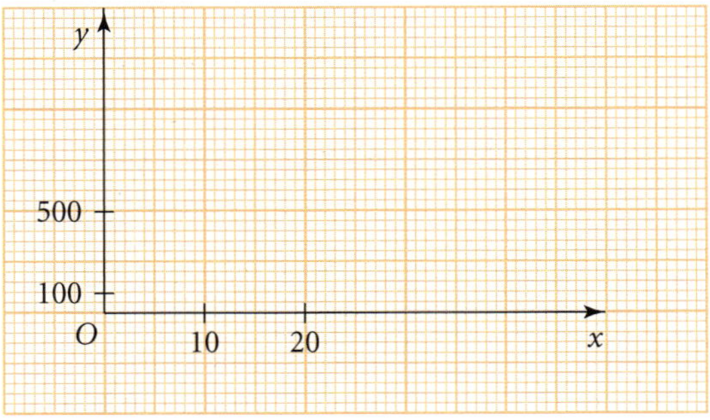

c) Dans le repère obtenu, tracer la courbe représentative $\mathscr{C}$ de la fonction f. *(1 point)*

3. a) Résoudre graphiquement l'équation $f(x) = 3\,000$. *(1 point)*

b) Le graphique obtenu permet de lire, en ordonnée, la valeur de l'aire $\mathcal{A}$, en m^2, d'un terrain dont la longueur x, en m, est portée en abscisse.
Donner la longueur, puis la largeur, en mètre, d'un terrain dont l'aire est de 3 000 m^2. *(0,5 point)*

➥ Exercice 5 *(4 points)*

On considère la fonction f définie sur l'intervalle [0,5 ; 5] par $f(x) = \frac{1}{x} + 4$.

1. Reproduire et compléter, à l'aide de la calculatrice, le tableau suivant (arrondir à 0,01). *(1,5 point)*

x	0,5	1	1,5	2	2,5	3	3,5	4	4,5	5
$f(x)$										

2. Dans un repère orthonormal d'unité graphique 2 cm, tracer la courbe représentative de la fonction f. *(1 point)*

3. Dresser le tableau de variation de f sur l'intervalle [0,5 ; 5]. *(0,5 point)*

4. Résoudre graphiquement l'équation $f(x) = 4{,}8$. *(1 point)*

➥ Exercice 6 *(4 points)*

On considère la fonction f définie sur l'intervalle [1 ; 3] par $f(x) = \frac{7}{x}$.

1. Tracer, à l'écran de la calculatrice graphique

a) la courbe représentative de f ; *(1 point)*

b) la droite d'équation $y = 3$. *(1 point)*

Fenêtre : $X_{min} = 1$, $X_{max} = 3$, pas = 1 ;
$Y_{min} = 2$, $Y_{max} = 8$, pas = 1.

2. À partir de l'observation du graphique, indiquer le sens de variation de f. *(0,5 point)*

3. À l'aide de la fonction trace de la calculatrice, résoudre graphiquement l'équation $f(x) = 3$. *(1 point)*

4. Sachant que l'équation $\frac{7}{x} = 3$ peut s'écrire $3x = 7$, résoudre par le calcul cette équation. On donnera la valeur exacte et la valeur arrondie à 0,01 de la solution. *(0,5 point)*

➥ Exercice 7 *(4 points)*

On considère la fonction f définie sur l'intervalle [– 1 ; 2] par $f(x) = x^3 + 2$.

1. Recopier et compléter, à l'aide de la calculatrice, le tableau suivant (arrondir à 0,1). *(1,5 point)*

x	– 1	– 0,5	0	0,5	1	1,5	2
$f(x)$							

2. Le plan est muni d'un repère orthogonal où :
– en abscisse, l'unité graphique est 2 cm,
– en ordonnée, l'unité graphique est 1 cm.
Construire ce repère, puis tracer dans le repère obtenu la courbe représentative de f. *(1 point)*

3. Dresser le tableau de variation de f. *(0,5 point)*

4. Résoudre graphiquement l'équation $f(x) = 7$. *(1 point)*

➡ Exercice 8 *(4 points)*

Une entreprise de vente par Internet a son chiffre d'affaires qui augmente d'année en année.
La première année, il était de 5 millions d'euros ; la deuxième année, il était de 5,6 millions d'euros ; la troisième année, il était de 6,272 millions d'euros.

1. a) Les chiffres d'affaires des 3 premières années sont les premiers termes d'une suite. Quelle est la nature de cette suite ? Justifier. *(0,5 point)*

b) Calculer sa raison. *(0,5 point)*

2. La progression s'est poursuivie la 4e et la 5e année. Calculer le chiffre d'affaires de la 4e et de la 5e année (arrondir au millier d'euros). *(1 point)*

3. Quel est le pourcentage d'augmentation du chiffre d'affaires entre la 1re année et la 5e année (arrondir à 1 %) ?

4. Dans un repère orthogonal, représenter graphiquement par des points, le chiffre d'affaires sur les 5 années.
Unités graphiques : 1 cm pour 1 année et 1 cm pour 1 million d'euros. *(1 point)*

➡ Exercice 9 *(5 points)*

Dans une fabrique d'ameublement, la production de tabourets a démarré au 1er mars 2010. Elle a été de 4 500 tabourets le premier mois et a augmenté ensuite de 4 % par mois. Soit P_1 la production mensuelle pour le premier mois, P_2 la production mensuelle pour le deuxième mois et P_n la production mensuelle pour le n-ième mois.

1. a) Quel est le rang du terme qui correspond à juillet 2010 ? *(0,5 point)*

b) À quel mois correspond P_{10} ? *(0,5 point)*

2. Calculer P_2 et P_3 (arrondir à l'unité). *(1 point)*

3. Quelle est la nature et la raison de cette suite ? *(1 point)*

4. La production en décembre 2010 a été de 6 405 tabourets.

a) Quelle a été la production en novembre 2010 (arrondir à l'unité) ? *(0,5 point)*

b) Quelle a été la production en janvier 2011 (arrondir à l'unité) ? *(0,5 point)*

5. a) Réaliser, sur une feuille de calculs d'un tableur, le tableau ci-dessous. *(0,25 point)*

	A	B	C
1	N°	Mois	Production
2	1	mars-10	4 500

b) Construire le tableau jusqu'à la ligne indiquant la production de tabourets en janvier 2011. *(0,75 point)*

Corrigés des problèmes

1 Statistique à une variable

14 **1.**

Prix en €	x_i	Effectif
[15 ; 18[	16,5	15
[18 ; 21[	19,5	30
[21 ; 24[	22,5	25
[24 ; 27[	25,5	20
[27 ; 30[	28,5	10
		100

2. Voir rabats de couverture.

3. Moyenne $\overline{x} = 21{,}9$. Le prix moyen d'un Blu-Ray Disc est de 21,9 €.

4. Écart type $\sigma \approx 3{,}62$ €.

19 **1.** Groupe *A* :
$1 + 3 + 8 + 3 + 1 = 16$ élèves.
Groupe *B* :
$4 + 1 + 6 + 1 + 4 = 16$ élèves.

2. Mode identique = 10.
Médiane identique = 10.
Moyenne identique = 10.
Étendue identique = 13 – 7 = 6.
Les premiers quartiles sont différents :
pour le groupe *A* : $Q_1 = 9$;
pour le groupe *B* : $Q_1 = 7$.

24 **1.** $\overline{x} = \dfrac{8+11+12+6+9+8+7+10+10}{9}$
$= \dfrac{81}{9} = 9$. L'étendue est : 12 – 6 = 6.

2. a) La moyenne augmente d'un point :
$\overline{x} = \dfrac{90}{9} = 10$. L'étendue est :
13 – 7 = 6.
L'étendue est inchangée.

b) Les notes augmentées sont :
07 ; 08 ; 09 ; 09 ; 10 ; 11 ; 11 ; 12 ; 13. La médiane est 10.

c) L'écart type de la nouvelle série sera identique à celui de l'ancien. Les écarts sont identiques entre la nouvelle moyenne et les nouvelles notes.

25 **1.**

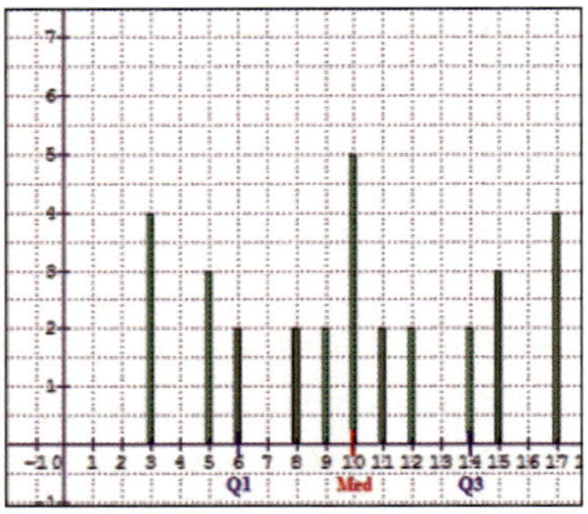

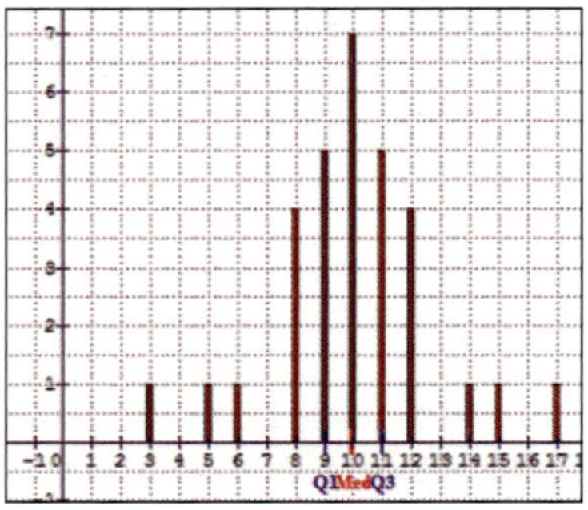

2. Classe *A* :
étendue = 17 – 3 = 14 ;
mode = 10 ;
moyenne = 10 ;
médiane = 10.
Classe *B* :
étendue = 17 – 3 = 14 ;
mode = 10 ;
moyenne = 10 ;
médiane = 10.

3. a) $Q_3 - Q_1 = 14 - 6 = 8$.

b) $Q_3 - Q_1 = 11 - 9 = 2$.

c) La classe la plus hétérogène est la classe *A* car son écart interquartile est plus important.

2 Fluctuation d'échantillonnage

16 **1.** Si 95 % des oranges de l'échantillon sont parfaitement emballées, le technicien peut envisager d'augmenter la cadence.

2. $p - \dfrac{1}{\sqrt{n}} = 0{,}80 - \dfrac{1}{\sqrt{100}}$
$= 0{,}80 - 0{,}10 = 0{,}70$.

$p + \dfrac{1}{\sqrt{n}} = 0{,}80 + \dfrac{1}{\sqrt{100}}$
$= 0{,}80 + 0{,}10 = 0{,}90$.
La fréquence de l'échantillon est $\dfrac{78}{100} = 0{,}78$.
0,78 appartient à l'intervalle de fluctuation [0,70 ; 0,90].

3. La fréquence du troisième échantillon est $\dfrac{52}{100} = 0{,}52$.
0,52 n'appartient pas à l'intervalle [0,70 ; 0,90].
Il est fort probable que la proportion d'oranges correctement emballées soit inférieure à 80 %. Le technicien doit procéder à un nouveau test. Si le test est à nouveau négatif il devra ralentir la cadence de conditionnement.

3 Suites numériques

44 **1.** Pourcentage d'augmentation des connexions Internet entre 2009 et 2010 :
$k = \dfrac{1\,035\,000}{900\,000} = 1{,}15$ soit une augmentation de 15 %.

2. Nombre de connexions en 2011 :
$1\,035\,000 \times 1{,}15 = 1\,190\,250$.

3. $u_1 = 900\,000$; $u_2 = 1\,035\,000$;
$u_3 = 1\,190\,250$ et $\dfrac{u_2}{u_1} = \dfrac{u_3}{u_2} = 1{,}15$
donc les trois termes u_1, u_2, u_3 sont les termes d'une suite géométrique de raison 1,15.

4. La formule qu'il faut saisir dans la cellule B3 est =B2*1,15.
On obtient le tableau suivant.

	A	B
1	Année	Nombre de connexions
2	2009	900000
3	2010	1035000
4	2011	1190250
5	2012	1368788
6	2013	1574106

5. En utilisant l'assistant graphique, on obtient la représentation graphique suivante.

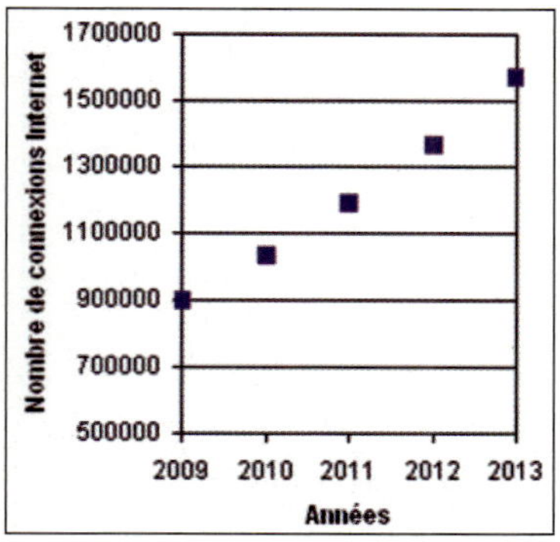

4 Fonctions de référence. Fonctions kf

24 **1.** Résultat : 132 k€ soit 132 000 €.

2. a) On obtient l'écran suivant.

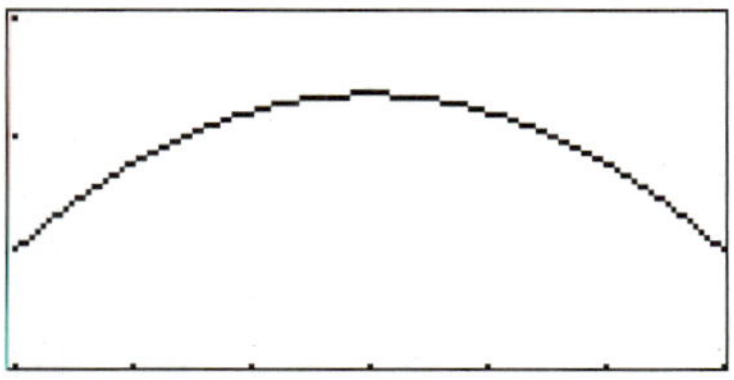

b) En suivant le déplacement d'un point sur la courbe, on observe que f admet un maximum.

c) Pour le point « le plus haut » de la courbe, on lit :

$X = 4{,}5 \qquad Y = 133{,}5$

La fonction f admet un maximum pour $x = 4{,}5$.
Ce maximum est égal à 133,5.

3. Le résultat maximum est obtenu pour un investissement de 4,5 k€ c'est-à-dire de 4 500 €.

25 **Première partie**

1. 100 €.
2. 108 €.

Deuxième partie

1. On obtient l'écran suivant.

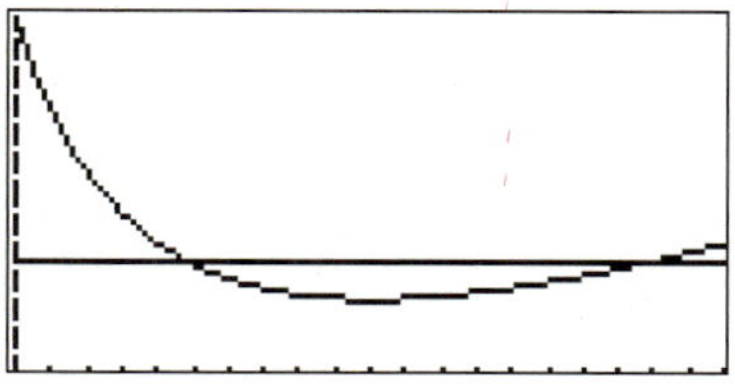

2. La droite d'équation $y = 105$ coupe la courbe en deux points d'abscisses $x_1 \approx 10$ et $x_2 \approx 22{,}5$.
Sur [5 ; 25] l'équation $f(x) = 105$ admet deux solutions :
$x_1 \approx 10$; $x_2 \approx 22{,}5$.

3. On lit les coordonnées du point « le plus bas » de la courbe :
$X = 15$; $Y = 100$.
$x_1 = 15$; valeur du minimum : 100.

Troisième partie

1. La courbe de commandes est un nombre entier.
On obtient un coût de gestion de 105 € pour 10 commandes.

2. Pour obtenir le coût de gestion minimum il faut passer 15 commandes.
Valeur du coût minimum : 100 euros.

27 **Première partie**

1. On a : $356 \times C_p \times (15)^3 = 300\,000$,

d'où $C_p = \dfrac{300\,000}{356 \times (15)^3}$;

$C_p \approx 0{,}25$.

2. a) On a $C_p = \dfrac{11{,}236}{V} - 0{,}5$

et $P = 356 \times \left(\dfrac{11{,}236}{V} - 0{,}5\right) \times V^3$,

d'où $P = 356 \times \left(\dfrac{11{,}236}{V} \times V^3 - 0{,}5V^3\right)$;

$P = 356 \times 11{,}236\, V^2 - 356 \times 0{,}5\, V^3$;
$P = 4\,000{,}016\, V^2 - 178\, V^3$.

b) $P \approx 284\,937$ W.

Deuxième partie

1. a) CASIO GRAPH 25⁺

- Dans le menu, on sélectionne GRAPH ; EXE.
- Dans Y_1, on entre :

(−) 178 X,T ^ 3 + 4 000.016 X,T x^2, puis on tape EXE.

- SHIFT F3 pour (V.Window).

Dans X_{min} : 0 EXE.
Dans X_{max} : 18 EXE.
Dans scl : 1 EXE.
▼
Dans Y_{min} : 0 EXE.
Dans Y_{max} : 260 000 EXE.
Dans scl : 20 000 EXE EXE.

- F4 pour (DRAW).

On obtient la courbe représentative de f (voir ci-après).

TI-82 Stats.fr

- On tape $f(x)$.
- Dans Y_1, on entre :

(−) 178 x,t,θ,n ^ 3 + 4000.016 x,t,θ,n x^2 entrer.

- fenêtre.

Dans X_{min} : 0 entrer.
Dans X_{max} : 18 entrer.
Dans X_{grad} : 1 entrer.
Dans Y_{min} : 0 entrer.
Dans Y_{max} : 260 000 entrer.
Dans Y_{grad} : 20 000 entrer.

- graphe

On obtient la courbe représentative de f (voir ci-après).

b) CASIO GRAPH 25⁺

- AC/ON

Dans Y_2, on entre 200 000 EXE.

- F4 pour (DRAW).

On obtient le tracé de la droite d'équation $y = 200\,000$.

TI-82 Stats.fr

- $f(x)$

Dans Y_2, on tape 200 000 puis entrer.

- graphe.

On obtient le tracé de la droite d'équation $y = 200\,000$.

2. CASIO GRAPH 25⁺

On tape SHIFT F1 pour (Trace).
On lit les coordonnées du point marqué X = 9 Y = 194 239.
À l'aide de la flèche de déplacement ► (REPLAY), on marque un point voisin sur la courbe ; on lit les coordonnées de ce point :
X = 9.2307 Y = 200 327.

L'équation $f(x) = 200\,000$ a donc une solution x_1 telle que :
$9 < x_1 < 9{,}3$ d'où $x_1 \approx 9$ (valeur arrondie à l'unité).

TI-82 Stats.fr
On tape trace.
On lit les coordonnées du point marqué X = 9 Y = 194 239,3.
À l'aide de la flèche de déplacement ▶, on marque un point voisin sur la courbe ; on lit les coordonnées de ce point :
X = 9,19... Y = 199 713.
Une deuxième action sur la flèche ▶ permet de marquer un point voisin sur la courbe situé au dessus de la droite ; on lit ses coordonnées (voir figure ci-après) :
X = 9,38... Y = 205 120,3.
L'équation $f(x) = 200\,000$ a donc une solution telle que :
$9 < x_1 < 9{,}4$ d'où $x_1 \approx 9$ (valeur arrondie à l'unité).

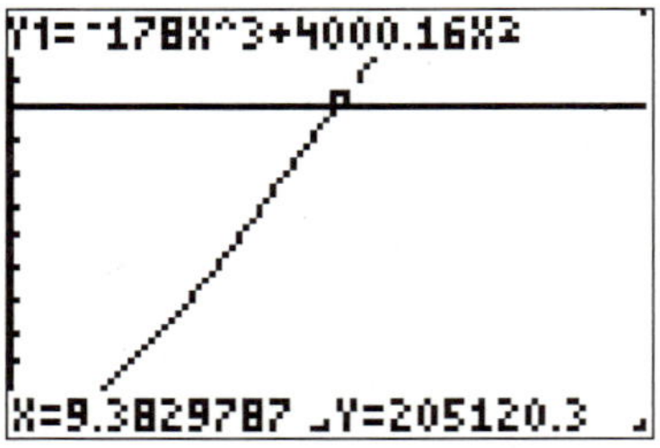

Troisième partie

1. $P = 200$ kW soit $P = 200\,000$ W.
La vitesse v du vent est la solution de l'équation $f(x) = 200\,000$ donc $v = x_1$.
On a donc : $v \approx 9$ mètres par seconde (valeur arrondie à l'unité).

2. En kilomètre par heure :
$v \approx \dfrac{9 \times 3\,600}{1\,000}$; $v \approx 9 \times 3{,}6$.
Donc $v \approx 32{,}4$ km/h.

5 Fonctions $f + g$. Inéquations

27 Première partie

1. a) 9 000 €.

b) Bénéfice : 9 000 – 5 850 soit 3 150 €.

2.

Nombre de blousons : n	Montant des ventes HT en € : $V(n)$	Coût des productions en € : $C(n)$	Bénéfice réalisé en € : $B(n)$
10	1 800	1 650	150
30	5 400	3 150	2 250
50	9 000	5 850	3 150
70	12 600	9 750	2 850
80	14 400	12 150	2 250

3. a) $V(n) = 180n$.

b) $B(n) = 180n - (1{,}5n^2 + 15n + 1\,350)$;
$B(n) = -\,1{,}5n^2 + 165n - 1\,350$.

Deuxième partie

1. On obtient le tracé suivant.

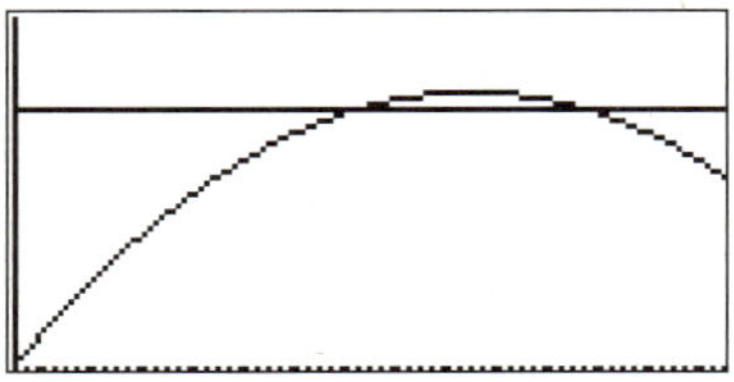

2. a) On obtient :
$x_1 \approx 44$; $x_2 \approx 66$.

b) On observe que l'on a $f(x) \geqslant 3\,000$ pour x tel que $44 \leqslant x \leqslant 66$.
L'ensemble des solutions de l'inéquation $f(x) \geqslant 3\,000$ est l'intervalle $[44 ; 66]$.

3. Pour n blousons, le bénéfice $B(n)$ est donné par $B(n) = f(n)$. Donc le bénéfice est supérieur ou égal à 3 000 € pour tout nombre n de blousons compris entre 44 et 66.

29 Première partie

1. Coût de stockage :
– pour 10 palettes = 20 € ;
– pour 30 palettes = 60 € ;
– pour 50 palettes = 100 €.

2. Coût de stockage de n palettes :
$C_1(n) = 2n$.

Deuxième partie

1. a) f est une fonction linéaire de coefficient 2. 2 est strictement positif donc f est croissante.

b) On a $g = 800 \times h$. Puisque $800 > 0$, g a même sens de variation que h. La fonction g est donc décroissante.

2. a)

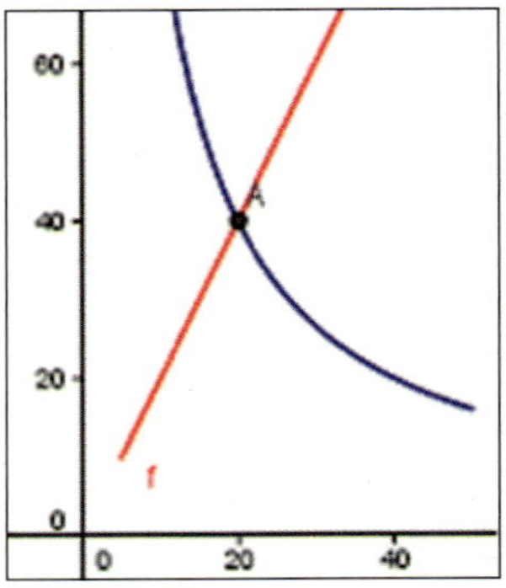

b)

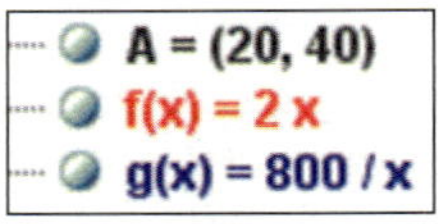

Résolution de $f(x) > g(x)$.
On voit que la courbe de la fonction f est située au-dessus de la courbe de la fonction g après le point A qui est le point d'intersection des deux courbes. On lit A : (20, 40). L'abscisse du point A est donc 20. Pour que l'inéquation soit vérifiée, il faut donc que x soit supérieur à 20. Sur l'intervalle [5, 50], l'inéquation $f(x) \geqslant g(x)$ est donc vérifiée pour $20 \leqslant x \leqslant 50$.
Résolution de $f(x) < g(x)$.
La courbe de la fonction f est située au dessous de la courbe de la fonction g avant le point A. L'inéquation sera donc vérifiée lorsque x sera inférieur à 20. Sur l'intervalle [5, 50], l'inéquation $f(x) \leqslant g(x)$ est donc vérifiée pour $5 \leqslant x \leqslant 20$.

Troisième partie

a) On a $f(12) < g(12)$, donc on choisira le tarif C_1.

b) On a $f(34) > g(34)$, donc on choisira le tarif C_2.

6 Second degré

22

1. Pour 150 m² :
$A(150) = 1{,}2 \times 150 + 100 = 180$ (€).
$B(150) = -0{,}005 \times 150^2 + 4 \times 150 + 50 = 537{,}5$ (€).

2. a) Le signe de x^2 dans $B(x)$ est négatif donc $B(x)$ admet un maximum.

b) Le maximum est $B(400)$ et $B(400) = 0{,}005 \times 400^2 + 4 \times 400 + 50 = 850$ (€).

3. Représentations graphiques.

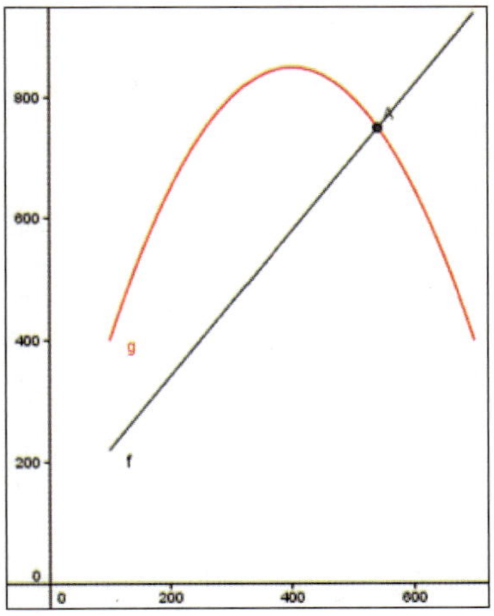

4. a) Les coordonnées du point A sont $A(542\,;750)$.

b) La superficie pour laquelle les coûts sont identiques est environ 542 m².

5. a) Cette superficie cherchée x est telle que $A(x) = B(x)$
soit $-0{,}005x^2 + 4x + 50 = 1{,}2x + 100$,
d'où $-0{,}005x^2 + 2{,}8x - 50 = 0$.

b) $a = -0{,}005\,;b = 2{,}8\,;c = -50$.
$\Delta = 2{,}8^2 - 4(-0{,}005)(-50) = 6{,}84$.

$$x_1 = \frac{-2{,}8 - \sqrt{6{,}84}}{-0{,}01} \approx 541{,}53.$$

$$x_2 = \frac{-2{,}8 + \sqrt{6{,}84}}{-0{,}01} \approx 18{,}47.$$

Le point A a pour abscisse la valeur de x_1 arrondie à l'unité.
La valeur de x_2 n'appartient pas à l'intervalle $[100\,;700]$ étudié.

7 Nombre dérivé

24 Les séquences calculatrice sont données ici pour la TI-82 Stats.fr.

- On entre $f(x)$.

[f(x)] [2nde] [√] [x,t,θ,n] [ )] ; [entrer].

- On entre les éléments de la fenêtre.
- On trace la courbe représentative $\mathscr{C}$ de f et on place sur $\mathscr{C}$ le point d'abscisse 1. Pour cela, on tape [graphe] [trace] et on obtient l'écran suivant.

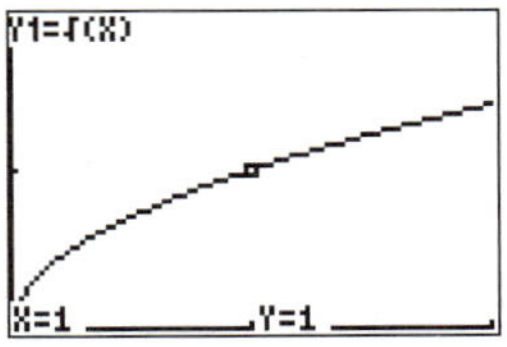

- On réalise trois zooms successifs. [Zoom] ; on sélectionne [Zoom+] puis on tape [entrer] [entrer] [entrer] [entrer].
- On place sur $\mathscr{C}$ un point B voisin de A et on lit ses coordonnées. [trace] ► ; on obtient l'écran suivant.

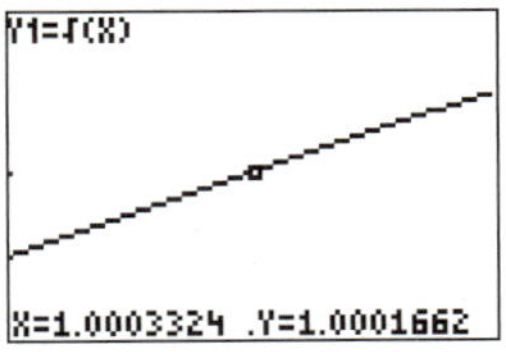

- $f'(1) \approx \dfrac{Y_B - Y_A}{X_B - X_A}$;

$f'(1) \approx \dfrac{1{,}000\,166\,2 - 1}{1{,}000\,332\,4 - 1}$,

soit $f'(1) \approx \dfrac{0{,}000\,166\,2}{0{,}000\,332\,4}$; $f'(1) \approx 0{,}5$.

28 **1.** La droite T est la tangente à la courbe $\mathscr{C}$ en son point d'abscisse zéro.

2. On a, pour $-0{,}2 \leqslant x \leqslant 0{,}2$

$\dfrac{1}{1+x} \approx 1 - x$.

- $\dfrac{1}{1{,}1}$ peut s'écrire $\dfrac{1}{1+x}$ avec $x = 0{,}1$

donc $\dfrac{1}{1+0{,}1} \approx 1 - 0{,}1$ soit $\dfrac{1}{1{,}1} \approx 0{,}9$.

- $\dfrac{1}{0{,}9}$ peut s'écrire $\dfrac{1}{1+x}$ avec $x = -0{,}1$

donc $\dfrac{1}{1-0{,}1} \approx 1 + 0{,}1$ soit $\dfrac{1}{0{,}9} \approx 1{,}1$.

3. • Par un calcul direct à la calculatrice, on obtient $\dfrac{1}{1{,}1} \approx 0{,}91$ (valeur arrondie à 0,01).
Donc dans le calcul effectué à la question **2**, l'erreur commise est de l'ordre de 0,01.

- Par un calcul direct à la calculatrice, on obtient $\dfrac{1}{0{,}9} \approx 1{,}11$ (valeur arrondie à 0,01).
Donc dans le calcul effectué à la question **2**, l'erreur commise est de l'ordre de 0,01.

Mode d'emploi des logiciels

Sine Qua Non

Sine Qua Non est un logiciel téléchargeable gratuitement développé par Patrice Rabiller, disponible à l'adresse http://pagesperso-orange.fr/patrice.rabiller/sinequanon/menusqn.html.

1. Naviguer dans la barre de menu et définir le repère

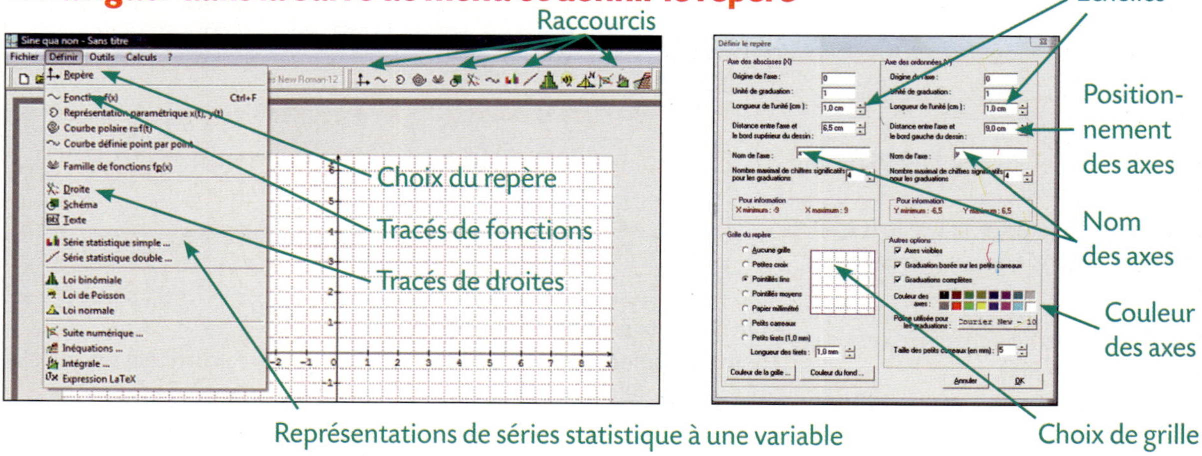

2. Représenter graphiquement des droites

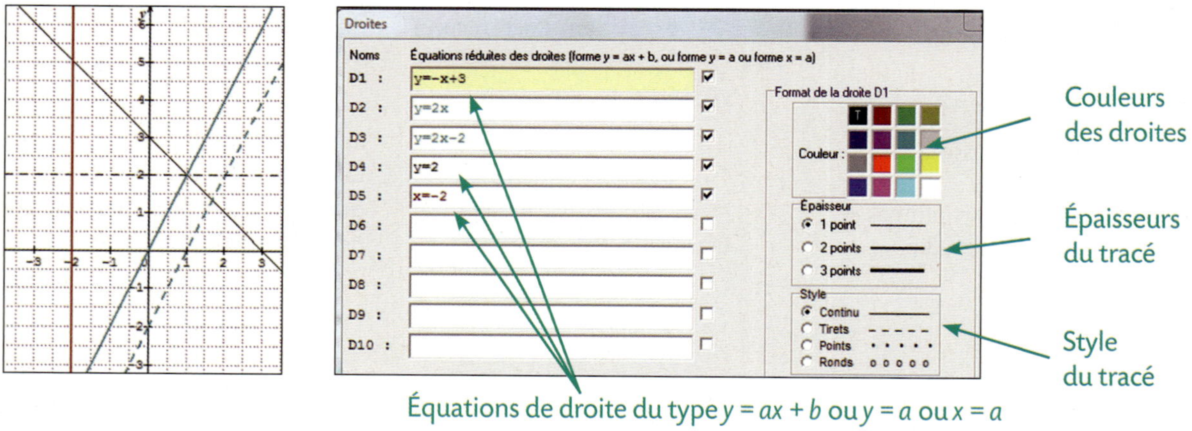

3. Représenter graphiquement des fonctions

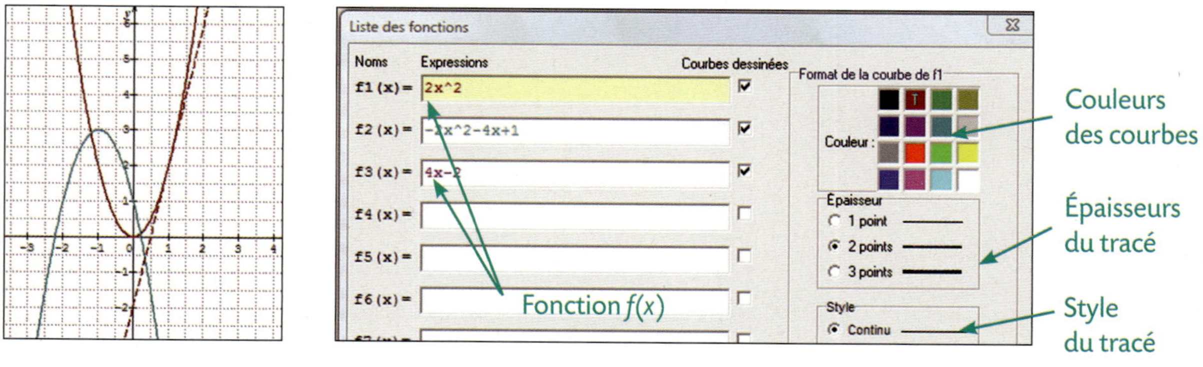

4. Représenter une série statistique à une variable (caractère qualitatif)

Diagramme en secteurs

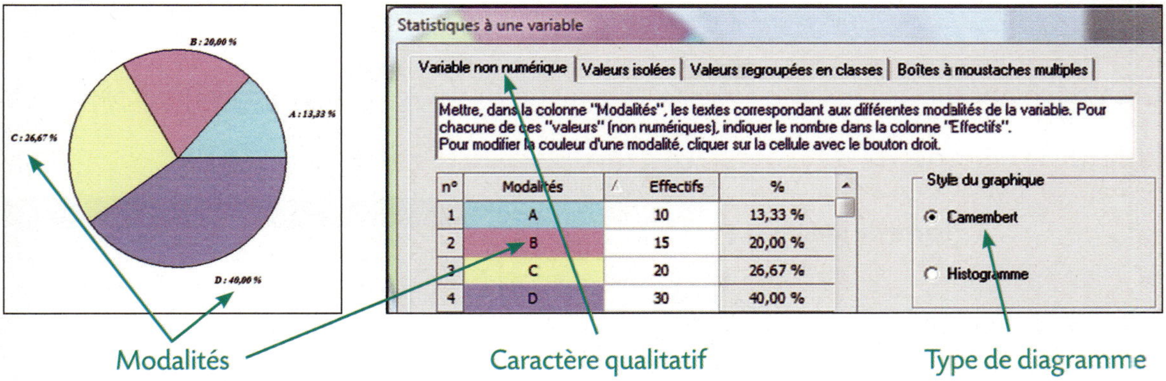

5. Représenter une série statistique à une variable (caractère quantitatif)

Diagramme en bâtons

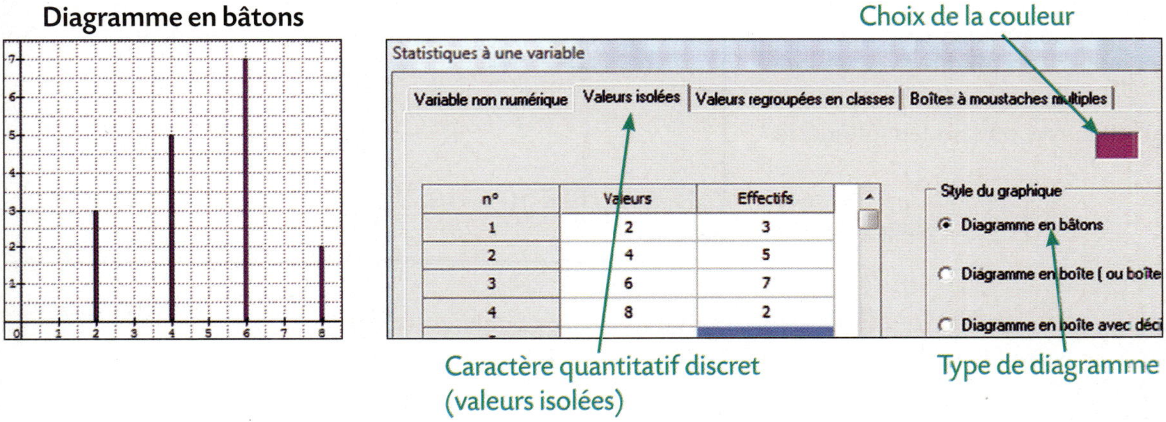

6. Représenter une série statistique à une variable (caractère quantitatif continu)

Histogramme

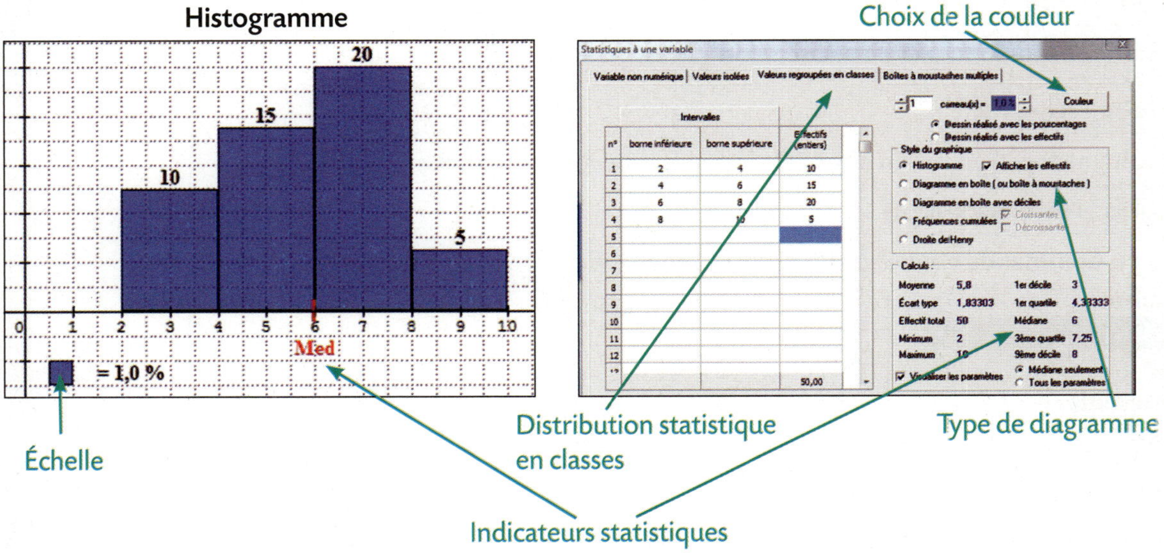

GeoGebra

GeoGebra est un logiciel libre et gratuit disponible à l'adresse http://www/geogebra.org/cms/index.php?lang.fr

1. Repérer les éléments de la fenêtre principale du logiciel

La **barre de menus**

La **barre des outils** : 11 boutons

La **fenêtre algèbre** avec tous les objets et leur étiquette (nom et valeur)

La **fenêtre graphique** avec ses axes où figurent les objets que l'on a décidé d'afficher avec ou sans leur étiquette.

La **plage de saisie**

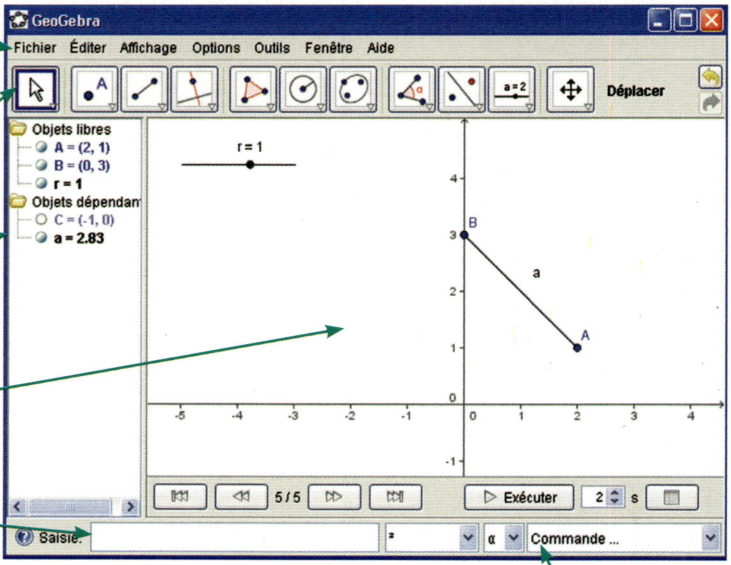

Menu commande

2. Utiliser la zone de saisie des objets avec ses commandes

- Placer un **point** (*exemple :* A (4 ; 3))

- Créer une **variable** (*exemple :* un curseur r)

- Tracer une **fonction** (*exemple :* la fonction $f : x \mapsto 3x + 9$)

- Tracer une **fonction sur un intervalle** (*exemple :* une fonction affine sur [1 ; 6])

Le menu **Commande** donne accès à diverses commandes.

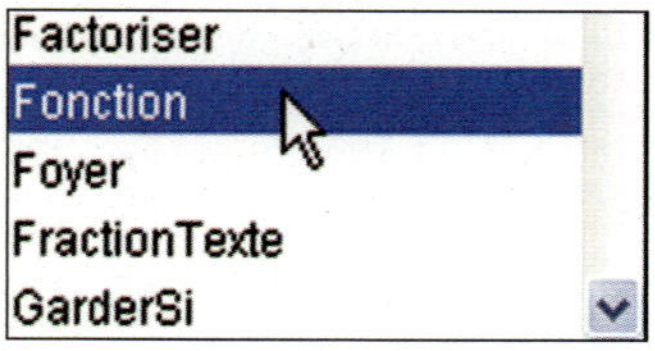

3. Utiliser la barre des outils

- Sur chaque bouton, la **flèche** située en bas ouvre un menu et donne donc accès à plusieurs outils.
- Lorsqu'un outil est sélectionné, un **commentaire** qui en explique le fonctionnement apparaît à droite de la barre d'outils.

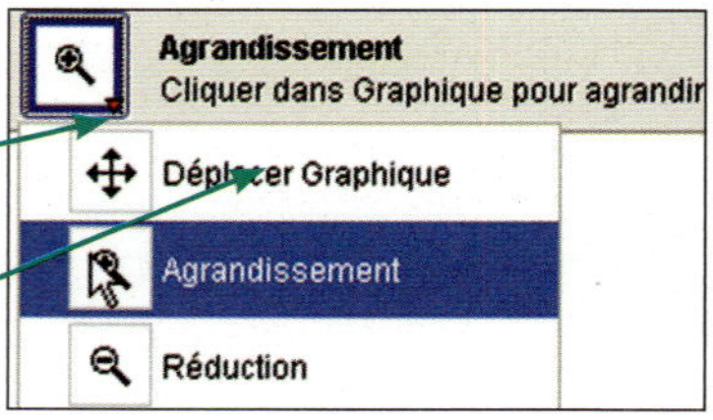

• Le 11e bouton ci-avant est utilisé pour déplacer, agrandir ou réduire la zone graphique. On déplace aussi en maintenant appuyé la touche Ctrl et en utilisant la souris, clic gauche appuyé. On agrandit ou on réduit en actionnant la roulette de la souris dans un sens ou dans l'autre.

• Le 1er outil  permet de sélectionner un outil ou un objet mais aussi de déplacer le curseur d'une variable. 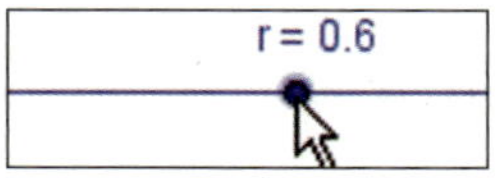

4. Afficher les étiquettes des objets et modifier leurs paramètres

• Un **objet** (par exemple une variable, un point ou un segment) est toujours présent dans la fenêtre algèbre avec son étiquette comportant son nom et sa valeur. Par exemple,
– pour une **variable** : son nom et sa valeur (r = **0.6**) ;
– pour un **point** : son nom et ses coordonnées (A = (**–4.04,4.4**) ;
– pour un **segment** : son nom et sa longueur (le segment $[AB]$ est ***c*** = **2.75**).

• Dans la fenêtre graphique les variables, les points, les segments peuvent être affichés avec ou sans leur nom, avec ou sans leur valeur.

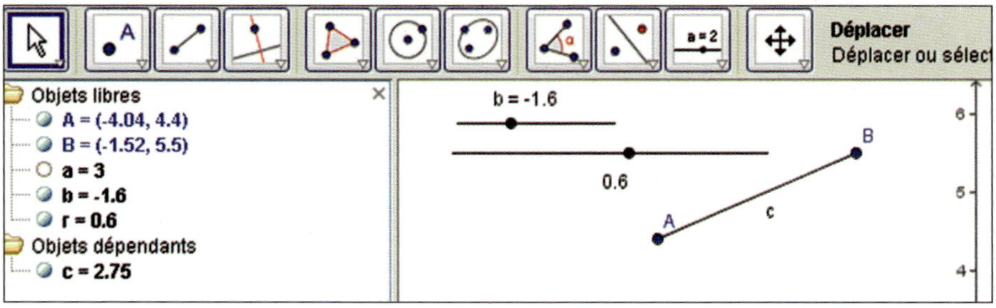

• Lorsqu'il est sélectionné avec le premier outil à l'aide de la souris, un objet peut être modifié ou déplacé. Un clic droit donne accès à un premier menu. C'est dans ce menu que l'on peut décider de l'afficher ou non dans la fenêtre graphique avec, ou sans, son étiquette.

• Dans le même menu, un clic sur ***Propriétés*** permet d'ouvrir un second menu comportant cinq onglets. On peut alors modifier la couleur, le style et pour une variable la plage de variation de son curseur.

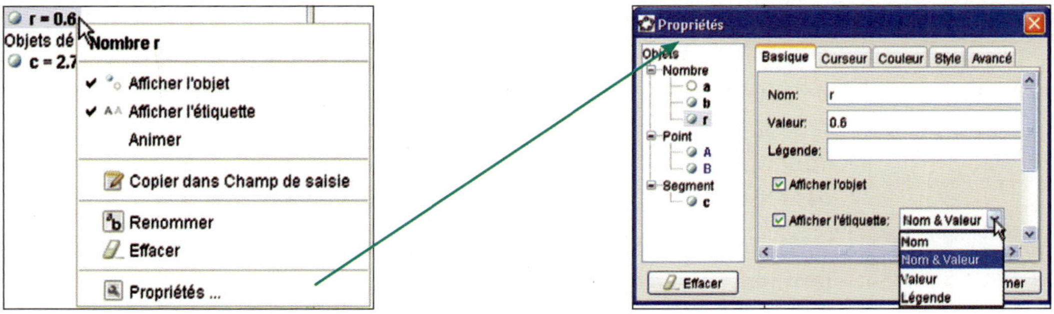

5. Naviguer dans les étapes de construction

Une fois la figure construite, dans la barre de menus, l'onglet ***Affichage*** puis ***Navigation dans les étapes de construction*** permet de visualiser pas à pas la construction des figures en faisant apparaître le navigateur dans le bas de l'écran.

Tableur Excel ou Open Office Calc

1. Repérer les éléments de la fenêtre

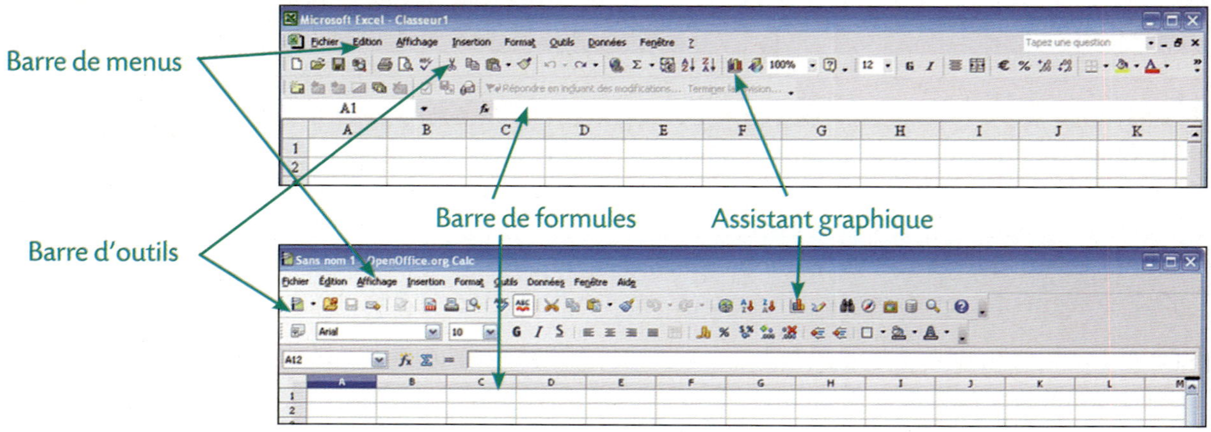

2. Entrer une formule dans une cellule

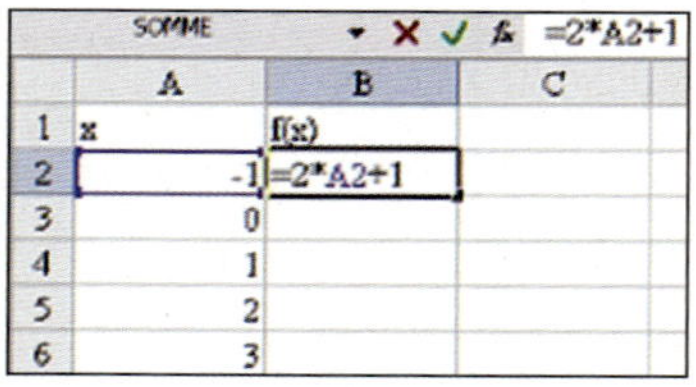

Pour calculer $f(-1)$ dans la cellule B2 :

- saisir dans la cellule B2, la formule =2*A2+1 puis Entrée.
Le nombre – 1 apparaît donc $f(-1) = -1$;

- pour étendre la formule, sélectionner la cellule B2 puis avec la poignée de remplissage, tirer jusqu'à la cellule B6.

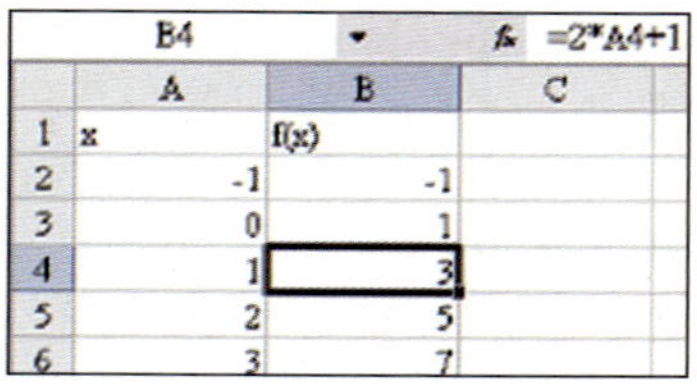

En cliquant sur la cellule B4, on voit apparaître dans la barre de formules =2*A4+1 qui correspond à la valeur 3 qui s'affiche en B4, donc $f(1) = 3$.

3. Utiliser des nombres aléatoires

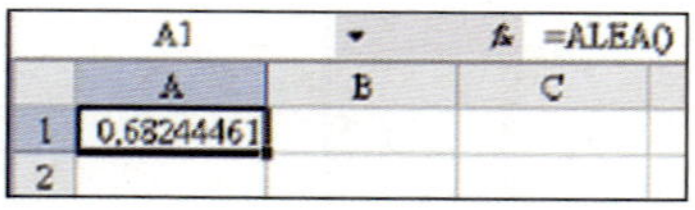

- Pour obtenir au hasard un nombre décimal appartenant à l'intervalle [0 ; 1], saisir la formule =ALEA() dans la cellule A1 puis Entrée.
Pour obtenir au hasard un nouveau nombre décimal de l'intervalle [0 ; 1] dans la cellule A1, taper sur la touche F9 du clavier.

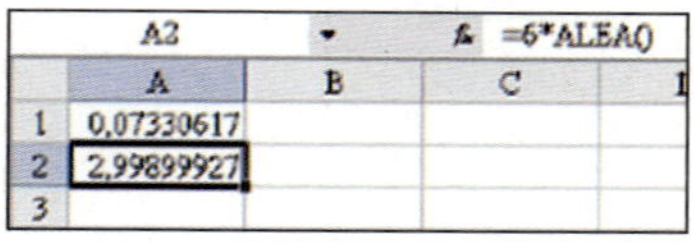

- Pour obtenir un nombre décimal appartenant à l'intervalle [0 ; 6], saisir la formule =6*ALEA() dans la cellule A2 puis Entrée.
Pour obtenir au hasard deux nouveaux nombres de l'intervalle [0 ; 6], taper sur la touche F9.

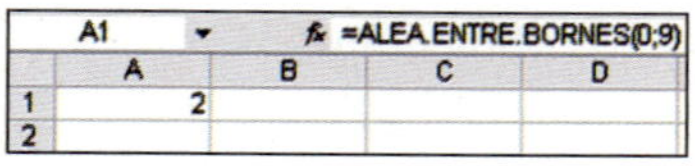

- Pour obtenir un nombre entier appartenant à l'intervalle [0 ; 9], saisir la formule =ALEA.ENTRE.BORNES(0;9) dans la cellule A1 puis Entrée.

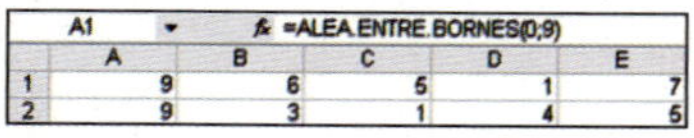

- Pour obtenir au hasard des nombres entiers compris entre 0 et 9, sélectionner la cellule A1 et étendre la formule avec la poignée de remplissage.
Pour renouveler les nombres au hasard, utiliser la touche F9.

4. Utiliser l'assistant graphique

- Sélectionner un tableau de nombres puis cliquer sur l'assistant graphique.
- Sélectionner le type de graphique ou le type de diagramme dans la fenêtre qui s'ouvre, puis cliquer sur « Suivant » et suivre les instructions.

Diagramme en bâtons

Avec Excel : la commande « Histogramme » permet de représenter un diagramme en bâtons et non un histogramme.

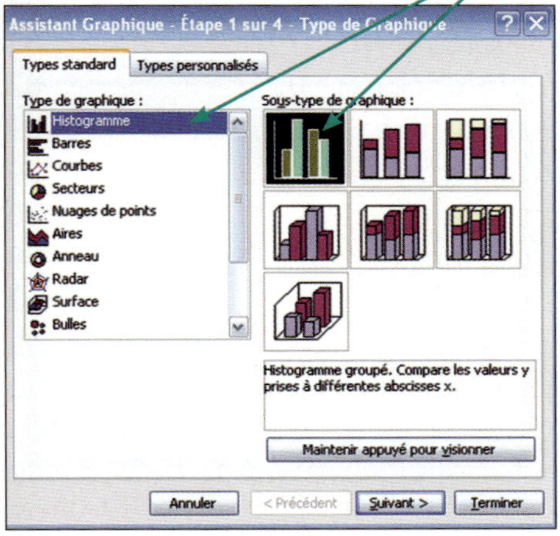

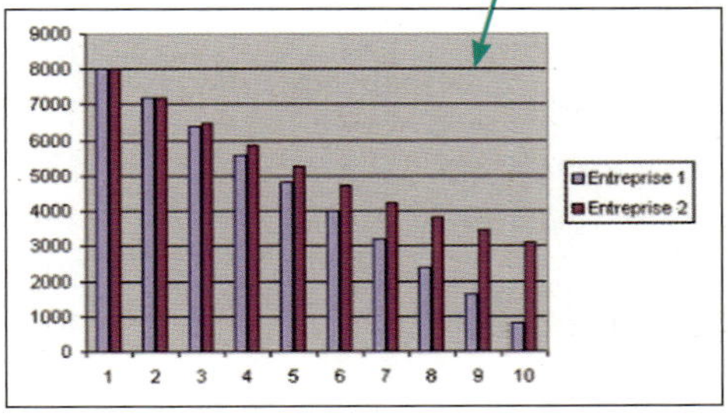

Avec Calc : la commande « Colonne » permet de représenter un diagramme en bâtons.

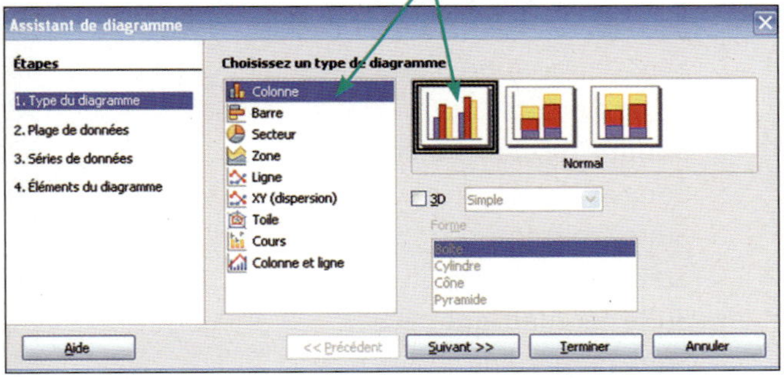

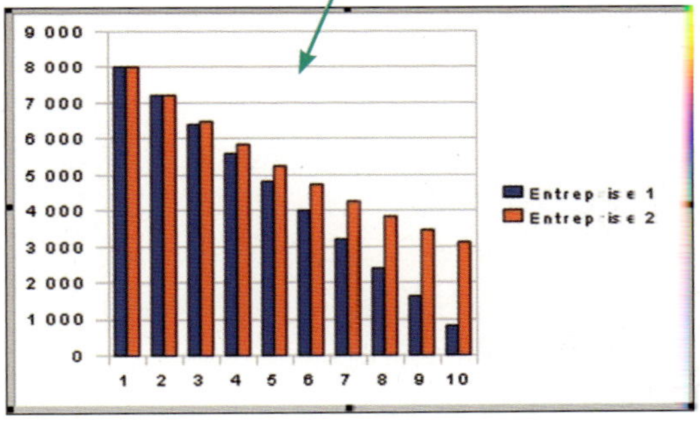

Diagramme circulaire

Avec Excel :

Type de graphique

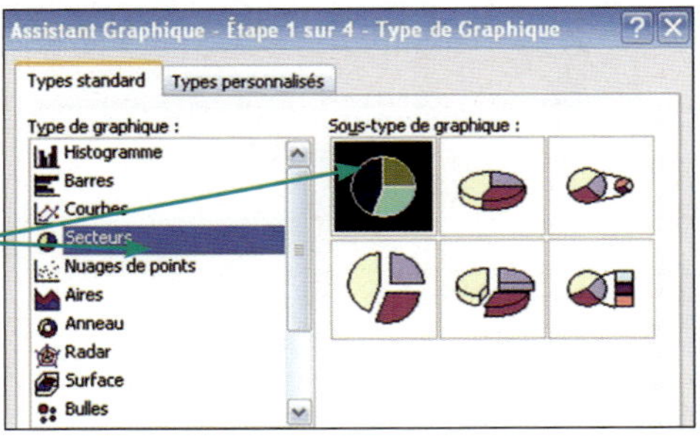

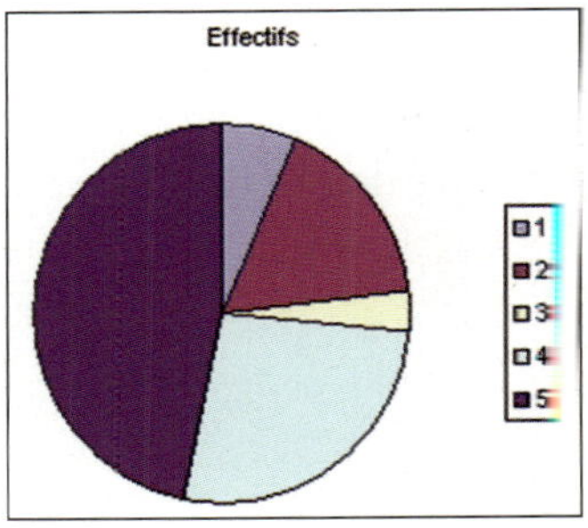

Avec Calc :

Type de diagramme

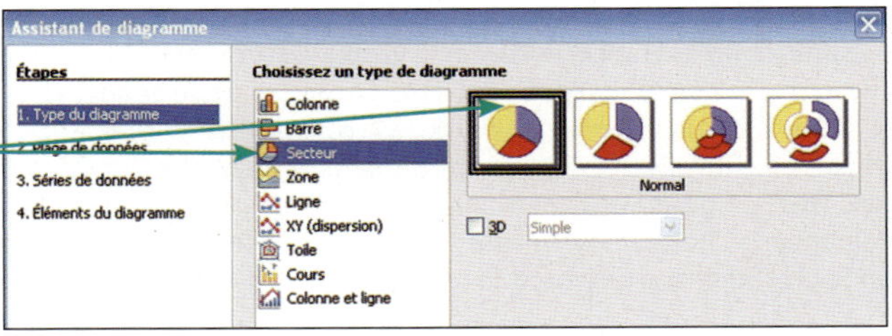

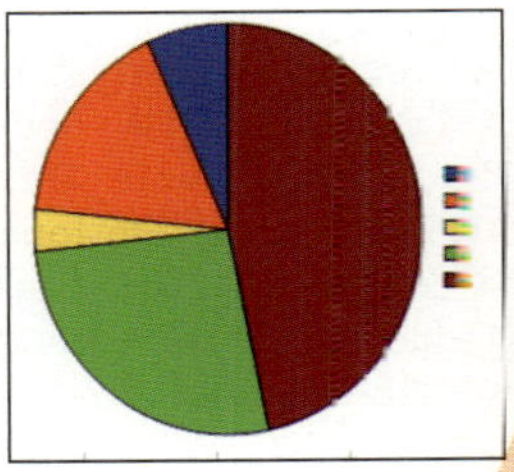

Index

« Le papier de cet ouvrage est composé de fibres naturelles, renouvelables, recyclables et fabriquées à partir de bois provenant de forêts gérées de manière responsable et durable »

Crédits photographiques

Couverture : Getty/Image Bank/Mark Harris ; 10-11 : Getty/Bongarts/Martin Rose ; 21 : REA/Pascal Sittler ; 23 : REA/Mario Fourmy ; 26-27 : AGE/NHPA/James Carmichael Jr. ; 29 : SIPA/Meigneux ; 38 : REA/Benoît Decout ; 39 : Getty/Image Bank/Win Initiative ; 48-49 : Frédéric Hanoteau ; 50 : Shutterstock/Christophe Schmid ; 59 : REA/Richard Damoret ; 62-63 : Corbis/Mike Grandmaison ; 73 : REA/Patrick Allard ; 74 : Shutterstock/Jonathan Larsen ; 78-79 : Corbis/William Manning ; 90 : REA/Laif/Martin Kirchner ; 91 : Getty/Iconica/Jetta Productions ; 96-97 : Getty/Photographer's Choice/Slow Images ; 105 : REA/Challenges/Bruno Dellessard ; 107 : BSIP/Beranger ; 108 : REA/Ludovic ; 112-113 : Icon Sport/Stephane Cervos ; 125 : Avec l'aimable autorisation des Codes Rousseau

N° de projet 10240035 - JPM - Dépôt légal : octobre 2017
Imprimé en France par I.M.E. by Estimprim - 25110 Autechaux